湖南省蚕桑科学研究所资助出版

U0253639

蚕桑文化探析

主　　编：雷国新

参编人员：雷　语　徐　瑛

CIS K 湖南科学技术出版社

图书在版编目（CIP）数据

蚕桑文化探析 / 雷国新主编. — 长沙：湖南科学技术出版社，2021.12

ISBN 978-7-5710-1289-2

Ⅰ．①蚕⋯ Ⅱ．①雷⋯ Ⅲ．①桑蚕生产－研究 Ⅳ.①S88

中国版本图书馆 CIP 数据核字(2021)第 222115 号

蚕桑文化探析

CANSANG WENHUA TANXI

主　　编：雷国新
出 版 人：潘晓山
责任编辑：欧阳建文
出版发行：湖南科学技术出版社
社　　址：长沙市芙蓉中路一段 416 号泊富国际金融中心
网　　址：http://www.hnstp.com
湖南科学技术出版社天猫旗舰店网址：
　　　　　http://hnkjcbs.tmall.com
邮购联系：0731-84375808
印　　刷：长沙市宏发印刷有限公司
　　　　　（印装质量问题请直接与本厂联系）
厂　　址：长沙市开福区捞刀河大星村 343 号
邮　　编：410153
版　　次：2021 年 12 月第 1 版
印　　次：2021 年 12 月第 1 次印刷
开　　本：880mm×1230mm　1/32
印　　张：7.75
字　　数：200 千字
书　　号：ISBN 978-7-5710-1289-2
定　　价：49.00 元

前　言

　　中国是蚕丝业的发祥地，也是蚕桑文化的发源地。栽桑养蚕、缫丝织绸是中国古代对世界文明的重大贡献。蚕桑丝织是中华民族认同的文化标识，在漫长的历史进程中，它已渗透到历代社会的诸多领域，对政治经济、社会组织、哲学宗教、文化艺术、生产生活等产生深远影响，并由此形成了独具风格的蚕桑文化。

　　蚕桑文化是中华农耕文明的半壁江山和重要标志。它的形成发展，使古代中原大地的纺织业领先于世界数千年，形成了古代国人峨冠博带、宽服大袖的服饰习俗，并衍生出软笔（毛笔）、刺绣、纸张等一系列发明创造。嫘祖养蚕缫丝，始有绫罗衣锦及世。自此人类结束了"茹毛饮血、衣其羽皮"的原始衣着状态，进入到锦衣绣服的文明时代。

　　蚕桑文化形成于中华大地得天独厚的地理生态环境和自给自足的自然经济模式；根植于以家庭为基本单元的宗法社会，由此，对中国古代的农耕观念和农业发展产生过积极影响。远古先民遵从"日出而作、日落而息""衣食为先""农桑、田蚕"耕织并重的农事习俗，世世代代在疆域广袤的中华大地繁衍生息。历代统治者治国都是农桑并重，倡导"农者，食之本；桑者，衣之源""奖劝农桑、教民田蚕""一夫耕、一妇蚕"，这一观念深入人心，成为官民共识，由此衍生的蚕桑文化对中国古代的礼教文化也产生了深远影响。

1

岁月悠悠，养蚕丝织的奥秘被人类发现并加以利用，数千年来生生不息，直至今日仍为衣着文明风貌的引领者。几千年来，蚕桑文化无疑已深深融入中华民族的血脉之中，同时也逐渐成为中华大地与世界文化交流非常活跃的媒介，我们有理由深信，在经历时光的打磨之后，田园活动的淳朴质感与现代社会的时尚美感相融并存，必将绽放出新的光彩。

本书旨在追寻中华先民养蚕丝织的踪迹，收集、整理、编辑历代遗存和积淀的大量与蚕、桑、丝相关联的文字符号，按诗词歌赋、神话传说、蚕俗民风、礼仪制度、服饰艺术、生产集结等篇章归集，探寻丰富的蚕桑文化知识，为人们了解蚕桑、认识丝织提供便捷和帮助。

雷国新

2021 年 5 月

目　　录

第一章　蚕桑史话篇

蚕桑文化概论

中国是世界蚕业的发源地，栽桑养蚕、缫丝织绸是中国古代对世界物质文明和精神文明的重大贡献。在漫长的历史进程中，中国蚕桑丝织已深深地渗透到历代社会的诸多领域，对政治经济、社会组织、哲学宗教、文化艺术、生产生活等产生深远影响，从而形成了独具风格的蚕桑文化。

从文化学角度讲，蚕桑文化是指栽桑、养蚕、缫丝、织绸、印染等先进技术及其物化而生成的文明。蚕桑文化以一切从事蚕桑物质、精神生产的人为主体，以蚕桑物质、精神成果的生成及相关礼仪制度的形成为内容，以不断更新的文化观念、思维方式、行为准则、价值取向归指蚕桑社会实践为特征，以不断推进蚕桑事业发展和民族社会进步为主要目的。蚕桑文化根植于中国，积淀于中国，成为中华浩瀚民族文化中的重要一簇。蚕桑文化源远流长，蚕桑文化内涵丰厚，蚕桑文化功能强大。

1　蚕桑文化源远流长

蚕桑文化的外延关乎人，是以人为主体，然后作用于桑、蚕、茧、丝、绸等物象，创造和生成出物质与精神成果。据此，从广义的文化概念来理解，蚕桑文化的起源实际上和蚕的起源是同步开始的。

近代从地下出土的丝绸文物可以证明，中国蚕业的起源至少在5000年以前，甚至7000年左右，而且是在中国的许多地区和不同时期发端。1926年中国的一位考古工作者和清华大学的李济博士在山西夏县西阴村新石器时代遗址发掘到1个已经割裂开的形状似花生壳的大半个蚕茧壳。1958年，浙江湖州钱山漾发现了1个属于"良渚文化"的新石器遗址，出土了绢片、丝线、丝带、麻布等丝麻织品，这些丝麻织品距今约4700年。1963年，江苏吴江县（今苏州市吴江区）梅堰新石器时代遗址出土的黑陶罐上绘有蚕纹。1973年在浙江余姚"河姆渡文化"遗址中出土了大量与纺织有关的打纬骨机刀、骨梭、梭形器、木制绞纱棒、打纬刀、经轴（残片）和陶制纺轮等工具，距今约7000年。后于1977年出土了1个象牙骨盅，上面栩栩如生地刻着4条蚕纹，同时还在残陶片上发现了昆虫幼虫沿着叶缘啃叶的逼真图纹。1984年河南荥阳县青台村，在仰韶文化遗址中，发现了5600多年前用于裹尸的成降色罗织物[1]。

蚕桑文化的起源有着生态的、心理的、宗教的、社会的等多重诱因[2]。首先是生态条件。远古时期，中国黄河流域和长江流域气候温湿、土地肥沃、野桑资源丰富，与蚕同属鳞翅目的蛾蝶形成蛹虫生物分布极广，这为先民采食蛹虫和识别利用茧丝，再到驯化野蚕提供了便利。当农业时代开始后，驯化野蚕逐渐成功，并成为蚕丝发明的重要里程碑。这样的生态条件在一定程度上决定了经济方式的生成，而经济方式又助推了文化模式的开启。第二是心理因素。先民求生存、图发达的意向，使蚕丝具有了明确的功利性。一方面把桑蚕茧（蛹）丝作为可直接利用的生产生活资料；另一方面又存在未知的恐惧和对未来无限的向往。把桑树、蚕作为观念意象，让其人格化、形象化，并把这些同他们的生命活动联系在一起。如蚕祭以及在桑林里的祭祀等。第三是宗教情感。先民对蚕的信仰和崇拜源起自对蚕丝的实际需要和精神依托，虽然表象为一种文化的再创，但又反过来推进了蚕桑文化的发展，并使其在宗教神话、宗教艺术、宗教仪典中得到夸张的呈现。第四是社会因素。从石器时代到青铜时代，同为中华民族古文化摇篮的黄河流域和长江流域，出现了多处辉映的文化热点，前述考古发现已有陈述。距今约 5400 年的仰韶文化、5500 年的红山文化、5300 年的良渚文化等遗址中分别出土有陶形蛹饰、玉蚕和蚕纹饰黑陶。距今约 4200 年的龙山文化、4000 年的齐家山文化遗址中也分别出土有玉蚕和"二连罐绘群蚕图"，这表明对蚕的信仰与崇拜基本上是共时的文化现象，其中有共生，亦有播化。正是各文化点在历史发展中的交互作用，才使蚕桑文化在中华大地滋生蔓延。

蚕桑文化的形成与发展，原动力来自蚕桑物资和精神生产的实践活动。纵观其演进过程，可以看出，以蚕纹为标志的石器时代，以玉蚕和青铜铭纹"采桑图"为标志的商周时代，以"丝绸之路"为标志的汉唐时代，以民间蚕桑风俗活动为标志的明清时代是中国蚕桑文化发展的四大高峰期，可排序称为萌生、生长、兴盛和迁化期。在萌生期，原始的野蚕被驯化为家蚕，先民们开始利用蚕丝。通过对考古发现的史前遗物、生产工具、图腾遗迹、桑林活动，以及一些神话传说的分析，可以看出萌生期已完全具备了蚕桑文化的基本特征和形态结构。在生长期，中国农业文明社会开始，蚕桑文化跨进了一个新的阶段，不仅在生态适应性和社会适应性方面使其日趋丰满，而且在周代取得了制式化发展。殷墟甲骨文中蚕、桑、丝、帛等象形文字记载，《诗经》中的种种论述，祭天、地、宗庙之《三礼》，殷商出土文物中的玉蚕、丝织残片和青铜器上的"宴乐射猎采桑图"等都表明蚕桑文化在生长期日趋成熟，得以长足发展。在兴盛期，汉代的蚕业已臻成熟，以中原地区为主的"官丝"和川蜀地区为主的"民丝"遥相呼应，一派繁荣景象。这个时期的蚕桑文化全面继承了生长期的文化成果，并得以更大的发扬。从全唐诗篇中大量有关桑蚕、丝绸的描写与陕西法门寺出土的以"安乐公主乡裙（又名百鸟裙）"为代表的唐代丝织品来看，这个时期（特别是唐代）无论是蚕丝绸品种图案纹饰，还是织造工艺、印染技术，都达到了辉煌灿烂的鼎盛境界，在这个时期，蚕桑文化因子异常活跃，以宗法伦理意识为潜质，在文学、艺术、哲学、宗教和民俗各方面都有突出表现。丝绸之路的凿空，促进和扩大了东西方不同民族的文化交流和融合，使蚕桑文化在兼容中有突出的表现和发展。中国西北一带出土的具有中亚、西亚织物图案特征的唐代"联珠纹"和"宝扣花纹"便是佐证。在变迁期，《宋全要辑稿》记载，北宋年间全国已形成黄河中下游的中原地区、川蜀地区和长江下游的江南地区三大丝绸产区。这个时期蚕桑文化的发展走向出现变迁和转化，即制度型文化逐渐简约、潜隐，民间性更突出。自唐以后，全国蚕丝重心南移，明清时期江南丝绸市镇兴起，蚕桑民俗更加浓郁并表现出明显的社区文化特色。

2 蚕桑文化内涵丰厚

中国古代先民在养蚕生产实践中，不仅积累了丰富的蚕桑生产知识，同时将桑、蚕和丝的形象移植和充实到社会生活的各个方面。在漫长的历史进程中，伴随着蚕桑业的发展，培育出了灿烂的蚕桑文化。其中有神秘离奇的神话传说，有精美绝伦的出土文物，有绚丽多姿与丰富多彩的书画诗词与文化艺术，还有根深叶茂又寓意深长的蚕俗民风[3]。

（1）神秘离奇的神话传说。中国古代在创造文字前，靠神话传说传播文化。历史上"伏羲化蚕"的传说给蚕增添了几分神秘。最明确记载这一神话的是《皇图要览》，有"伏羲化蚕，西陵氏始蚕"的说法，以后各朝各代的史书、农书都有引用。关于养蚕最经典且流传范围最广的传说当属"嫘祖始蚕"之说，《通鉴纲目外记》载："西陵氏女嫘祖，为皇帝元妃，始教民育蚕，治丝茧以供衣服，而天下无皴瘃之患，后世祀为先蚕。"如果说"嫘祖始蚕"的传说符合"神"的形象，那么流传于江南蚕区的"马头娘"的传说则似乎更接近于"仙"的味道。"马头娘"的故事最早见于《山海经》，定型于晋代干宝的《搜神记》，根据蚕的头胸部与马头相像这一点，编造了蚕由马变来的故事。在以后的年代里，人们把蚕与马的关系紧紧地联系在一起，养蚕前祀求"马头娘"赐予好的收成。"马头娘"的形象是一个披着马皮的马头女子。古人认为蚕与马是同一血统，马生病还要用蚕来医治等。史书中与蚕、桑有关的神话传说可谓数不胜数，此处无法一一列举。有关"桑"比较典型的神话传说有："汉桑城"的历史传说、"成汤祷雨"的桑林传说、"空桑降伟人"的神圣传说、"帝女桑"的神秘传说等。

（2）异彩纷呈的蚕桑物质世界。桑蚕茧丝绸是蚕桑文化的有形部分，其中最具代表性的是丝绸及其织品。从丝织品看，商代出现了罗、绫、纨、纱、绉、绮、锦、绣，战国秦汉出现了织锦，宋代有了缂丝，元代普及了缎，明清出现了汝花及大批地方品种；从丝织品色泽看，上古时期比较纯、鲜艳，往后愈见繁复协调；从装饰纹样看，商代图案简练、概括，周朝以后则显工整、均衡、对称，唐代可为代表，明清重于写实，纹样栩栩如生。从白居易"……应似天台山上明月前，四十五尺瀑布泉，中有文章义奇艳，地铺白烟花簇雪……"可窥见中国当时丝绸风采之一斑。物质文化的基本特征是由农业自然经济生产力发展水平决定的。在数千年的历史进程中，农业生产力水平逐步得到提高，栽桑养蚕、缫丝织绸技术不断进步，缫丝及丝织工具不断改进，使纺织等手工业曾居古代世界领先地位，从而使蚕桑物质之花异彩纷呈。

（3）硕果累累的蚕桑科学技术。在数千年的蚕桑生产实践中，人们不断总结技术成就并用文字记录传世。距今 2300 多年的战国荀子作《蚕赋》，表明劳动者在那以前就已对蚕的生长发育的科学道理有了较深刻的理解。荀子在《蚕赋》中论及家蚕的变态、眠性、化性、生殖、性别、食性、生态、结茧、缫丝和制种等 10 大生物学领域，开创了中国上古时期蚕桑生产技术科学认知的里程碑[4]。从西汉《氾胜之书》开始，有关农桑的著述或蚕学丝绸的专著不断问世，金、元之后更多，至 19 世纪共出版300 多种，这表明不仅蚕桑生产技术日臻完善，而且相关的科学研究也日渐深入。随着近现代科学的进步，完整的科学技术体系也逐渐健全。缫丝工艺技术尽管属于物质文化的范畴，但它却以自身的适应性和开创性直接呈现了蚕桑文化的意义和价值，也因此成为推进蚕桑文化前行的一个重要因素。

（4）闻名遐迩的文学艺术作品。历经数千年的沉淀，养蚕业造福桑梓，不仅在人类社会的物质文明方面贡献巨大，更是为哺育人类的精神生活提供了丰富营养。在这个过程中，以诗词歌赋为代表的文学作品历久弥新、独树一帜。李奕仁先生主编的《神州丝路行》吟咏篇中收集歌咏蚕桑的诗词多达 1843 篇（首）。其中《诗经》24 篇，《楚辞》《乐府诗集》《昭明文选》《玉台新咏》共 175 篇，唐代诗词 375 首，宋代诗词 762 首（南宋 461 首，北宋 301 首），元代诗词 118 首，明代诗词 72 首，清代诗歌 317首[5]。其中，最早以蚕桑为物象的诗篇当属成书于公元前 500 多年的《诗经》，这中间的《豳风·七月》成为世人领略诗歌鼻祖蚕歌风韵的典范。《陌上桑》是与《孔雀东南飞》齐名的汉乐府诗歌中的优秀作品，也是我国叙事诗的杰出代表。诗文采飞扬，酣畅淋漓，字里行间蕴含着幽默俏皮的情韵，千百年来传诵不绝。此后以蚕丝为主题的乐府杰作亦层出不穷。如南北朝的《采桑度》，唐代白居易的《缭绫》《红线毯》，宋词里面的《九张机》等，都以桑、蚕、丝为素材，或吟诵，或抒怀，或鞭挞，或隐喻，表达了作者对养蚕业的仰慕之情以及对社会现实的郁愤情怀。在这些诗词中，数量最多、色彩最丰富、内涵最浪漫的当属阡陌桑园之间的"采桑诗"。或许是世人感叹养蚕之愁苦，无论是文人笔下的诗歌，还是民间百姓的歌谣，其主旋律总离不开一个"愁"字。如流传于江苏无锡的《养蚕歌》、湖州的《三月清明过》等。与养蚕相比，缫丝织绸则显得单调乏味和困顿，民间流传的许多描绘织造生活的"机歌"或"织歌"都透射出一个"苦"字，最著名的当属宋代的《九张机》。总体看来，"愁"和"苦"是多数蚕桑诗歌所体现的特色。

（5）绵延万里的丝绸之路。蚕桑业在漫漫的历史长河中，孕育出了一条绵延 7000 千米，横渡亚洲，直达欧洲大陆的古今中外举世瞩目的"丝绸之路"。由于这条路的出现，使"蚕桑丝织"得以在时间和空间上全方位地展示它的魅力，反过来，因为"蚕桑丝织"的存在，使得"丝绸之路"成为承载着政治、外交、贸易、文化、宗教、技艺等多种使命的文明之路。从古至今，以一种商品的名称来命名一条路，这是开先河之举，而且它的影响力是世界上任何一条路都无法比拟的。除了上述这条"陆上丝绸之路"外，还出现了"海上丝绸之路"。无疑，丝绸是这条路上流通的最重要的商品，同时，印度的香料、波斯的玻璃等奇珍异品也都流入中国，中亚、西亚、南亚以及欧洲地区的各种物产也不断流入中原。时至今日，棉花、葡萄、苜蓿、胡桃、红花、大蒜、胡瓜等农作物已成为中国重要的农产品，这些都是那个时代传入中国的。与此同时，东西方文化的交流使华夏与古印度、古希腊、古罗马的文明互相交融，创造了更加丰富多彩的灿烂文明。佛教的传入、敦煌艺术的兴盛以及由此在后世衍生出的更加博大精深的中华文化与"丝绸之路"息息相关。

（6）寓意深长的蚕俗民风。蚕俗是以栽桑养蚕为内容，祈求好收成的一种精神寄托形式，世代相传。祭祀，在科学并不发达的古代，养蚕发病是不可思议的，为求好收成，通过祭祀，期盼从专管养蚕的神灵那里得到帮助。公元前1000多年的殷代，人们养蚕前会向"蚕示"祈求好的收成。禁忌，在养蚕期间，禁止非家人来访。政府工作人员也不在养蚕期间去蚕户家收税。蚕家还会用红纸写"育蚕"或"蚕月知礼"的字条贴在门上。老鼠夜间偷食蚕，蚕户则到集市上买几头泥塑猫，小心塞进养蚕房间的角落，或用红纸剪成猫形，贴在蚕匾里，认为这样可以防治鼠害。其实这样并不起什么作用，防不了老鼠，而泥塑猫和剪纸则成为流传在民间的珍贵艺术。浙江省诸暨市在女儿出嫁时，一定要取一张蚕种陪嫁，相传公元前5世纪，西施出嫁吴国，与她相好的12个姑娘相送，西施取头上插的绢花分插在12个姑娘的头发间，并唱道："十二位姑娘十二朵花，十二分蚕花到农家。"希望这些姑娘家以后养蚕有十二分的好收成。湖南溆浦县民间的"蚕灯舞"在当地享有盛誉[6]。传说明正德年间的一个仲夏，茂盛的庄稼遭到害虫的危害，于是几位老者去祈求神灵庇佑。事后翌日凌晨天阴沉沉的，突然刮来一阵狂风，随风有一群昆虫飘落在受虫灾的庄稼上，至三天三夜后，害虫全部死光，人们仔细一看，原来是蚕吐丝卷死了害虫，蚕也因吐丝而死亡。当地人为纪念"神蚕"，就把蚕的形象做成灯，取名"蚕灯"，每逢新春佳节举行蚕灯舞会，祈福新的一年丰收[7]。

3 蚕桑文化功能强劲

蚕桑文化是一个开放的系统，在历史嬗变、民族融合、国际交流中不断吐故纳新、积淀前行，形成了一种极富生命力的架构。蚕桑文化融物质文化、制度文化、行为文化和精神文化于一体，呈现了蚕桑文化的雅致与真、善、美。蚕桑文化复杂而多层的架构决定了在社会和人们的生活中功能的多样性。

（1）满足需要。马林诺夫斯基认为，文化与需要是密切相关的，文化的功能就是满足人类的需要[8]。远古时期的先民把桑葚、蚕蛹用来充饥，把野蚕丝及丝织物用来遮体，便是蚕桑文化满足功能的原始呈现。随着生产力水平的提高，满足需要功能在社会的政治、经济、军事、文化、科学、生活等领域逐渐得到最直接、最明显地呈现。如人们生活必需的服饰，房、厅间的屏风；环境装饰的缂丝、刺绣；文化用品中的锦书帛画；民间用于交往的馈赠礼品；军事、祭祀、庆典中的旌旗；医学上桑、蚕、蛹、蛾均可入药，丝绸可用作人造血管；古代丝绸用作货币交换；用作军资、官俸和对内对外的恩赐赏品。蚕桑文化的满足功能，实质上是蚕桑物质功利价值的直接体现。

（2）审美娱情。远古时代石蚕、玉蚕的出现，表示原始人已摆脱了蚕丝物质的功利性，在装扮自身的同时，又显示着自己征服自然的力量。丝绸的出现，就成了美的化身，丝绸美是物质美与精神美、形式美与内容美的有机结合。人们对丝绸的向往和追求，记录了人类对自然法则的认识水平，在不同时代丝绸成为智慧、能力的代表和文明的标志。蚕桑文化正是通过丝绸沉淀了一定社会、阶级的审美意识和审美理想，又把它作为一种审美，表现在以下几个方面。第一，蚕纹、玉蚕及玉蚕蛹的装饰功能凸显审美的原始本能。先民在河姆渡牙雕小盅上刻上蚕纹，不是为了实用，而是一种移情；吴江梅堰黑陶上的蚕纹也是如此。玉蚕可能是为了作为图腾崇拜，但外形的简洁、美观则是为了让人精神愉悦或是净化心灵。故蚕纹、玉蚕及玉蚕蛹的装饰功能唤醒的是先民对审美的原始冲动，凸显的是审美的原始本能。第二，织造技术和炼染工艺的革新催生了审美规范与审美特权。先民对丝织美的追求，促进了织造技术和炼染工艺的不断革新，最早发现于河南青台仰韶遗址出土的丝织遗物，组织为平纹和二轻纹罗纹，商代妇女墓出土的丝织物以平纹绢类居多。西周已有刺绣，战国时期的丝织品种类极为丰富，绉、罗、绮、锦、绣、缀、编已形成完整体系。炼染工艺也更加复杂，纹饰、色彩也愈加丰富。服饰的审美昭示着古典的时尚，王公贵族的冕服形成一种制度，将审美赋予阶级和特权，使其成为不可僭越的审美规范，服务于阶级社会的统治。第三，丝织锦绣为文艺批评提供了语言外壳和审美内核。"文""章""经""纬""锦""绣""文采""文章""绮丽""华丽""经纬""组织"等与丝织锦绣有关的大批词汇进入文艺批评范畴，因此使丝织锦绣词汇变得更加丰满。其本义通过转喻的方式衍生出审美范式，鲜活地保存在《文心雕龙》《诗经》《沧浪诗话》等理论著作之中，至今仍然是文艺批评中的语言模子。总之，丝织锦绣为文艺批评提供语言外壳和审美内核，彰显了蚕桑文化的审美功能。第四，蚕丝与乐的天然联络促进了蚕桑文化音乐审美的生成。二者的天然联系，是指"丝"是"乐"的物质基础，"乐"是"丝"的发声效果。先秦时期，人们"歌以咏志，乐以娱情"，都非常看重音乐的娱情作用。《荀子·乐论》谓"君子以钟鼓道志，以琴瑟乐心"，《庄子·让王》则云"鼓琴足以自娱"。古人还讲究音乐与政治的关系。《礼记·乐记》载："故礼以道其志，乐以其声，政以一其行，刑以防其奸，礼、乐、刑、政，其极一也。"又谓"声音之道，与政通矣"，所谓正是此意。《乐书·琴瑟》称琴的风格声音柔和："大声不喧哗而流漫，小声不湮灭而不闻。"能感人善心，禁人邪念，又称士君子御琴能"出乎朴散""人乎觉醒"，最终"载道"而行，依然将音乐与审美结合，最终达到个人的超越，并完善自我，实现社会和谐与长治久安。

（3）凝聚人心。文化的凝聚力来自文化认同中相同的思维模式、相同的道德规范、相同的价值观念和相同的语言与风俗习惯所产生的巨大的认同抗异力量。首先，蚕桑文化表现为具有共同的宗教礼仪行为。"桑林祷雨""祭祀先蚕"等无不渗入人们的集体无意识中。上至王公贵族，下至黎民百姓，都参与到这些例行的活动之中，每一次庄严的祭祀和礼拜，他们都极尽虔诚。天子的冕服、献予神灵的东帛，大家都会遵从礼仪。由此产生一种认同抗异力量，自然彰显出蚕桑文化带来的凝聚功能。其次，表现为具有共同的信仰传统。"扶桑"的传说，从文字表述到图画描绘，多把它当作神树，是太阳的栖息地，巫师可以通过"扶桑"与上帝鬼神沟通。"蚕为龙精"体现了遵从时令的集体意识，玉蚕图腾体现了礼治的集体意识，这些共同的信仰亦能促进蚕桑文化的凝聚功能。再次，表现为产生出语意丰富的缩略词。《诗经·小雅小弁》"维桑与梓，必恭敬止"之中的"桑梓"，毛享传曰："父之所树，己尚不敢不恭敬。"孔颖达疏："毛以为，言凡人父之所树者，维桑与梓，见之必加恭敬之止，况父身乎？因当恭敬之矣。"本为桑树与梓树的省略，桑与梓作为房舍门前常见的树木，栽桑是为了养蚕，植梓则是为了做器具，都是父母留给子孙的财富。桑、梓为父母亲手所植，子孙见桑、梓如见父母，一定毕恭毕敬不能怠慢，故将"桑梓"喻父母。当然也有学者认为是由于"桑梓"有荫庇之意，故而由父母借指家乡。基于人们安土重迁、"父母在，不远游"等观念，自然生出一种重要的凝聚力量，将聚落、家族、宗教的力量团结起来，形成一股巨大的认同抗异力量。

（4）教化社会。蚕桑文化所具有的教化功能是随着蚕业教育而实施的。数千年来，历朝历代都有为蚕桑物质、精神生产做出突出贡献的人物，不论是国君大臣，还是平民布衣，他们既是蚕桑文化主体的杰出代表，也是中华民族自强不息、艰苦奋斗传统精神的最佳体现者，他们在创造蚕桑文化的同时，又发挥着蚕桑文化的教化功能。王后嫔妃的"躬桑亲蚕"既是率先垂范，又含有技术的指导，《礼记·月令》所载的"季春之月……后妃齐戒，亲东乡躬桑"正是表达的"示帅先天下"之意。"先蚕"之礼，原本是指"天子亲耕"和"王后、夫人亲蚕"的祭仪，这种行为是为了诚信，因为"诚信之谓尽，尽之谓敬，敬尽然后可以事神明。此祭之道也"（《礼记·祭祀》）。这种表示诚信的祭仪逐渐演变成祭祀蚕神的活动。"先蚕礼"成了教化百姓重视蚕桑的重要手段，体现出教化功能对社会及世人的重要影响。

参考文献

[1] 金佩华. 中国蚕文化论纲[J]. 蚕桑通报，2007（4）：4-9.

[2] 李荣华，陈萍. 中国蚕丝文化概论[J]. 蚕学通报，1997（3）：28-32.

[3] 雷国新. 中国古代的养蚕业[J]. 蚕丝科技，2015（3）：29-33.

[4] 周匡明，刘挺. 用现代科学观缜读古《蚕赋》二篇[J]. 中国蚕业，2014（1）：68-71.

[5] 李奕仁，李建华. 神州丝路行[M]. 上海：上海科学技术出版社，2013：404-550.

[6] 张建平，侯奎，严洪泽，等. "春蚕"丝未尽，"蚕灯"有人传[N]. 中国文化报，2013-09-18.

[7] 蒋猷龙. 中国古代的养蚕和文化生活[J]. 浙江丝绸工学院学报，1993，10（3）：1-6.

[8] 李发，向仲怀. 先秦蚕丝文化论[J]. 蚕业科学，2014（1）：126-136.

农耕桑话

源远流长的农耕文明是中华民族生产、生活实践经验的总结，是华夏儿女以不同形式延续并传承至今的一种文化形态。农耕文明集儒家文化和各类宗教文化为一体，形成了自己独特的文化内涵，其"应时、取宜、守则、和谐"的理念，所体现的哲学精髓正是传统文化核心价值的重要精神资源[1]。考古证明，距今五六千年前，在我国黄河流域、长江流域等诸多地区就已形成了相当发达的农耕文明，先祖们用其勤劳和智慧创造了灿烂的农耕文化。"农桑者，衣食之根本来源，人类生存与发展的根本前提和基本的物质基础"，农耕也由此衍生出中华文明的文化源头和最为质朴的文化范畴——农桑文化。

1 植桑，中国农耕社会最具泥土芬芳的画卷

据记载[2]，约在 5000 年前先民们就在中原大地上开始栽植桑树。殷商时期的甲骨文中已有"桑"字，《山海经》《尚书》《淮南子》等众多典籍中都有对桑树的描述。我国最早的诗歌总集《诗经》中数处提到桑。《鄘风·桑中》《小雅·隰桑》《大雅·桑柔》等篇目自不必说，其余各篇中"桑"亦屡见不鲜，如写桑之所在的"阪有桑"（《秦风·车邻》）、"南山有桑"（《小雅·南山有台》）；写鸟雀止于桑及食桑葚的"交交黄鸟，止于桑"（《秦风·黄鸟》）、"鸤鸠在桑"（《曹风·鸤鸠》）、"翩彼飞鸮，集于泮林，食我桑葚"（《鲁颂·泮水》）；写住所周围有桑的"无踰我墙，无折我树桑"（《郑风·将仲子》）；写整理桑树的"蚕月条桑"（《豳风·七月》）；写采桑的"彼汾一方，言采其桑"（《魏风·汾沮洳》）、"桑者闲闲兮""桑者泄泄兮"（《魏风·十亩

之间》）；写伐桑枝条为燃料的"樵彼桑薪"（《小雅·白华》），由此可知，当时桑树遍布，可谓随处可见。

中国古代以农立国，桑是古人赖以生存的物质基础，是不可或缺之物。这从孟子为梁惠王设计的治国目标中就可看出："五亩之宅，树之以桑，五十者可以衣帛矣；鸡豚狗彘之畜，无失其时，七十者可以食肉矣；百亩之田，勿夺其时，数口之家，可以无饥矣；谨庠序之教，申之以孝悌之义，颁白者不负戴于道路矣。七十者衣帛食肉，黎民不饥不寒；然而不王者，未之有也。"孟子设想的"小康社会"，虽与《礼记》中描绘的那个"天下为公"的大同世界有着质的区别，但毕竟是有史以来最早的"小康"蓝本。孟子提出"民为贵，社稷次之，君为轻"，告诫帝王以民为本，应顺应民意，不要过多地掠夺百姓。多少个世纪以来，那些有作为的君主们接纳了孟子"民为邦本"的思想，凭着无数代人的励精图治，以蚕桑为标志的农耕文明高度的发达，遥遥领先于同时代。

探索中国古代的桑树种植，北朝隋唐当是一个非常重要的时期[3]。北魏孝文帝太和九年（公元485年），颁布均田法令规定农民受田划分为：露田和倍田二类，露田种粮，倍田种桑及枣树等。男丁受田含40亩露田和40亩倍田，40亩倍田中20亩为桑田；妇女受田为露田20亩，倍田20亩，20亩倍田中10亩为桑田。农民到了规定的年龄要归还露田，而桑田则可为永业，可世袭。明确规定桑田种植："种桑五十株……"，并"限三年种毕，不毕，夺其不毕之地"。《齐民要术·柘桑篇》载："种桑率十步一树，欲行小犄角，不用正当时。"据此标准，每亩可种桑2～3棵，20亩种40～60棵桑树。这就是中国历史上实施300余年的均田制。与均田制并行的还有赋税制度即租调制度，其中"民调"清楚规定"桑土交帛，麻土交布"，朝廷对桑树种植数量和税收制度实行了双重强制性规定，使得蚕桑业从久经战乱带来的低谷中恢复过来，至此桑树得到了大面积种植。从北魏至北齐，北周的均田制度和配套的相关制度对当时桑树的种植、蚕桑业的发展起到至关重要的推动作用。翻开南北朝的文学作品，反映从事蚕桑劳作的篇章俯首皆是。任昉在《述异记》中描绘："大河之东，有美女丽人，乃天帝之子，机杼女工，年年劳役，织成云雾绢缣之衣……"古诗十九首中："迢迢牵牛星，皎皎河汉女；纤纤携素手，札札弄机杼。"在这些劳动场面的描写中，常把美丽的妇女，甚至超凡脱俗的仙女与从事蚕桑业的劳动联系在一起，可见当时的植桑养蚕已渗透到人们的精神世界里了。

唐代蚕桑业发展的重要标志是蚕桑生产的专业化。桑树的种植主要是散植为主。到了唐代，江南出现了大面积的专业桑园，这种桑园采取密集种植的方式，还可以和其他如桑基鱼塘等副业生产有机联系在一起。《四时纂要》载，唐代桑树的人工剪伐养型技术已经出现并广为普及。据学者李伯重的研究和开元年间修订的均田令得出的结果，江南专业桑园的出现始于盛唐时期。从传统的副业经营到大规模专业化桑园的出现，使得唐朝蚕桑业的发展不仅呈现出专业桑园种植方式的延展和突破，同时也是在中国蚕桑文化历史上浓墨重彩的一笔。崔颢的《赠轻车》将人们带入初唐从幽州到洛阳广泛种桑养蚕的历史画卷："悠悠远行归，经春涉长道。幽冀桑始青，洛阳蚕欲老。"唐彦谦笔下的采桑女展现了劳动与美的结合。诗云："种桑百余树，种黍三十亩。衣食既有余，时时会亲友。"可以看出，桑树作为当时主要的副业种植作物，在诗、词人的作品中常常与自给自足的田园生活联系在一起。"种桑百余树"已经是当时农人保障衣食平安的重要生产方式之一，所以不难发现唐代田园诗人描绘的田园风光里总少不了桑、蚕元素的点缀。孟浩然在《过故人庄》里描写"开轩场面圃，把酒话桑麻"的农家宴客场景。王维也曾写诗："雉雊麦苗秀，蚕眠桑叶稀。田头荷锄立，相见语依依。"诗人眼中闲暇惬意的田园生活中，植桑养蚕是万万不可缺少的。

2 采桑，中国农耕社会最具文化张力的风景

先秦时代，绿桑遍野。古代淇河两岸盛产桑树，采桑成为最重要的农事之一[4]。春日里人们忙于采桑，桑林中阵阵欢声笑语。采桑不仅是一种劳作，亦是男女情爱、集社、诗歌的母体。一部《诗经》，字里行间跳跃着数个"彼纷一方，言采其桑"采桑女的倩影。《豳风·七月》中，春光明媚的天气，黄莺飞鸣，桑女们挎着篮筐去桑林采撷喂蚕的嫩桑。"蚕月条桑，取彼斧斨，以伐远扬，猗彼女桑"，采桑女在桑地"理桑"，砍去过长的枝条，把翠绿鲜嫩的桑叶采摘下来。《魏风·十亩之间》展现了春日田野上桑女们三三两两、"桑者闲闲兮"的劳作画面。

"诗经"时代，桑林早已成为爱情的聚散地，"采桑淇涆间，还戏上宫阁"，凡桑林处，多有浪漫情事。《诗经》记叙了大量桑林情爱场面，《鄘风·桑中》："爰采唐矣？沫之乡矣。云谁之思？美孟姜矣。期我乎桑中，要我乎上宫，送我乎淇之上矣……"此乃一首炽热的情歌，以采唐、采麦、采葑起兴，"期我""要我""送我"，展示了桑林情爱的欣悦。《小雅·隰桑》表达了采桑女与君子幽约的幸福快乐和痴情："既见君子，其乐如何？""既见君子，云何不乐？""隰桑有阿，其叶有沃"，桑林郁郁葱葱，掩映了"心中藏之，何日忘之"的柔情蜜意。桑林既是劳作之地，也是先民们情爱和原始放纵的乐园。

中国是世界上最早养蚕植桑的国家，上古先民即以农桑为本。《诗·鄘风·定之方中》有卫文公"降观于桑""星言夙驾，说于桑田"的诗句；三国时诸葛亮劝课农桑，陈寿《三国志》载"诸葛亮在给后主刘禅的遗书中，说自己'有桑八百株'，子孙衣食可足用"；陶渊明《归园田居》中有"鸡鸣桑树巅"的佳句；孟浩然《过故人庄》中有"把酒话桑麻"的美景……上述足以看

出那个时代以蚕桑为本的民生之重。所以采桑是中国农耕社会最重要的劳作方式，更是中华民族久远深切的集体记忆。

历朝历代，采桑成为反复吟咏的文化意象。从《诗经·七月》到汉乐府《陌上桑》，再到唐诗宋词《采桑子》，一大批诗词歌赋及故事都以"采桑"为基本题材，并表现了相同或相近的主题。这里不妨略加梳理一下几个所谓的"采桑"的故事[5-7]。

其一，辨女者，陈国采桑之女也。晋大夫解君甫使于宋，道过陈，遇采桑之女。止而戏之曰"女为我歌，我将舍汝。"采桑之女乃为之歌曰："墓门有棘，斧以斯之。夫也不良，国人知之。知而不已，谁昔然矣。"

其二，宿瘤女者，齐东郭采桑之女，初，闵王出游至于东郭，百姓尽观，宿瘤女采桑如故……王大悦之曰："此贤女也"……使者以金百镒，往娉迎之。

其三，洁妇者，鲁秋胡之妻也。既纳之五日，去而宦于陈，五年乃归。未至其家，见路旁妇人采桑而悦之。下车谓曰："力田不如逢丰年，力桑不如见国卿，今吾有金，愿以与夫人。"妇曰："……夫子已矣，不愿人之金。"秋胡归家，使人呼其妇，乃向之采桑者也。

其四，秦氏，邯郸人。有女名罗敷，为邑人千乘王仁妻。王仁后为赵王家令。罗敷出，采桑于陌上，赵王登台见而悦之，因置酒欲夺焉。罗敷巧弹筝，乃作《陌上桑》之歌以自明，赵王乃止。

上述 4 个采桑女的故事，前 3 个出自刘向整理的《列女传》，故事的流传当在春秋后期，后一个出自西晋人崔豹的《古今注》。将这几个故事稍加比较，发现有以下共同特点：一是故事的基本角色相同。故事中的主要人物均表现为一男一女的对应排列，女子的身份都为采桑女，姓名、时间、地点等方面的不同并不影响这一基本事实。而男子的身份虽不尽相同，但在被采桑女所吸引并进而戏弄这一点上都是完全一致的。二是故事的基本情节相同。几个故事中所谓的"见而悦之,因置酒欲夺焉""吾有金,愿以与夫人""聘迎之"以及《陌上桑》中"使君谢罗敷,宁可共载否?"虽有"夺""诱""聘""谢"之差别,但除齐宿瘤女故事中的"聘"之外,其余的都可与陈辨女故事中的"戏"互为说明。若从更高层次上来看,这几个故事的基本情节又可归结为一位男子对采桑女的追求。这样,聘与戏、诱等行为的差别只是追求方式的差别,不足以影响这几个故事情节的相同。三是故事发生的地点与时间相同。通过采桑事件可以知道,故事无一例外都发生在春天。而采桑女与男子的遭遇又都是在采桑时发生的,地点又都恰巧在桑林。使人不禁要问:为什么在春秋直至汉代会发生如此之多的男子对采桑女"见而悦之""止而戏之",甚至"欲与之淫佚"的故事?

苏联文学理论家普洛普在《民间故事形态学》中指出:"一个民间故事常常把同样的行动分派给不同的人物。这样,按照故事中的人物功能来研究民间故事就是可行的了。"普洛普把"功能"界定为"人物的某种行动",并认为它可与"母题"相比。用此来判断上述几个故事,其中女子采桑、男子追求采桑女的人物行动在故事中是恒定不变的,只不过在不同的故事中将这一行动分派给了不同的人物。由此认定这4个故事是属于同一类型,是同一母题即采桑母题的不同表现形式而已。

桑间濮上,风光旖旎。采桑,似潺潺溪流的采桑文化,成就了农耕文明原野上一抹亮丽的风景。

3 品桑,中国农耕社会最具文化内涵的篇章

森林是人类最初的家园,人类从森林走出来之后,很多树木就留在森林里了。能够长久地进入人类的生活视野,并成为人类物质、精神生活一部分的树木并不多。而桑,就是其中的一种。

桑在远古时代先民的物质与精神世界中占有非常重要的位置，它与先民的物质生产、精神信仰、爱情婚姻及生殖繁衍纠结在一起，创造出极为丰富的文化意蕴。

桑土有一种意义是"宜于植桑的土地"，出自《尚书·禹贡》的"桑土既蚕，是降丘宅土[8]"，唐孔颖达疏："宜桑之土既得桑养蚕矣。"桑因土而得其宜，土为桑而有其成，自然因素与人文机制相结合，使桑土之间构成一种同体共质的关系，在先民的原始意识里，桑不仅是作为植物实体而存在，更是代表着土地、国家乃至神灵的一种精神性存在。

桑，《搜神记》记叙太古之时，一女子因思念远方的父亲，曾许诺爱马，如果他能接回父亲，就与马结合为夫妻，马接回其父后，女子食言，其父还以箭射杀该马。后女戏马皮，马忽将该女卷入树间化为蚕，"邻妇取而养之，其收数倍。因名其树曰桑。桑者，丧也"，桑与丧谐音，把桑和死亡、丧葬联系在了一起。

桑主，《国语·周语上》："及期，命于武宫，设桑主，布几筵。"桑主就是一种神主牌，唐以前虞祭的神主是用桑木制成，称之为桑主。神主是先人亡灵的象征，以桑木为神主，可见古人对桑的虔诚与崇拜，同时也向人们揭示了桑与生命终结之间的联系。

桑梓，《诗经·小雅·小弁》："维桑与梓，必恭敬止。"桑与梓作为房前屋后常见的树木，栽桑是为了养蚕，植梓则是为了做家具，都是父母留给子孙的财富。宋代学者认为桑、梓为父母亲手所植，子孙见桑梓如见父母，一定要毕恭毕敬。但明代以后有学者提出对桑、梓恭敬，并不是因为它们为父母所植。明朱谋㙔《诗故》卷七："桑梓大叶多阴，行者多趋其不以自庇，若鞠躬然，喻幽王独不庇其子也。"认为桑梓有荫庇之意，故喻父母。顾镇则认为桑梓种在房前屋后，需要护恤，故以为喻。此外，《齐民要术·卷五》称"以作棺材，胜于松柏"，古代不仅棺木用梓，墓地也常植梓树。《史记·伍子胥传》记载："伍子胥告其舍人'必树吾墓上以梓，令可以为器'。"由上可知，桑、梓在古代是与丧葬礼俗关联的重要林木。叶落归根，返本归宗，在故土家园那被桑梓环绕的祖先陵墓，是每个游子魂牵梦绕的灵魂归宿，久而久之，桑梓成为祖先崇拜的物资符号，这正是《诗经·小雅》"维桑与梓，必恭敬止"的本义。

桑中、桑林、桑林会。《诗经·鄘风·桑中》[9] "期我乎桑中，要我乎上宫"则反复咏唱。《毛诗序》中的观点为宣传封建礼教。郭沫若认为"桑中即桑林所在之地，上宫即祀桑之祠，士女子于此合欢。"又云："其祀桑林时事，余以为《鄘风》中之《桑中》所咏者，是也。"郭公的看法切中要害。《桑中》一诗包含了当时重要的文化习俗：桑林之会。桑林本是殷周时期祭祀求雨的场所。《吕氏春秋·顺民》："昔者汤克夏而正天下，天大旱，五年不收，汤乃以身祷于桑林。"汉高秀注："桑林，桑山之林，能兴云作雨也。"《墨子·明鬼》："燕之有祖，当齐之社稷，宋之有桑林，楚之有云梦也，此男女之所属而观也。"孙诒让《间诂》引郑玄注《周礼》谓："属犹合也。"燕之驰祖，齐之观社，宋之祈桑林，楚之游云梦，均为祭云祷雨之事，均有男女交媾等生殖崇拜之实。因此，"桑林之会"便有了男女合欢之意。何新认为："桑社是生殖神的象征，桑林亦为社木，是生命神树扶桑木的替代，是男性阳具的象征，因此桑林也成为上古时代先民自由性交的场所"，这种观点可能是对的，有学者称《桑中》的主题是高禖祭祀与野合之风，并认为"此诗发生在旧商之牧野，难怪男女会期合于桑林之中"。从商代都邑来看，并无旧商之都有牧野的记载。高祺是为媒神，高祺之祭为求子之祭。桑林之所以会作为男女野合的早期习俗的孑遗，可用"交感巫术"理论的"相似律"来解释，除了可以让上天兴云作雨，还可以促进万物的生殖繁衍。因此，鲍昌《风诗名篇新解》谓"人间的男女交合可以促进万物的繁殖，因此在许多祀奉农神的祭典中，都伴随有群婚性的男女欢合"，"郑、卫之地仍存上古遗俗，凡仲春、夏祭、秋祭之际男女合欢，正是原始民族生殖崇拜之仪式"。综上所述，《桑中》反映的文化意蕴是桑林之会、野合之风，也可算是高禖之祭。

参考文献

[1] 夏学禹. 传承弘扬农耕文化，留住我们生活的根［EB/OL］. 国家农业部官方网站，2012-03-06.

[2] 钟年. 论中国古代的桑崇拜［J］. 世界宗教研究，1997（1）：115-122.

[3] 田阡，黄先智. 北唐隋唐桑树种植与蚕桑文化的发展［J］. 丝绸，2010（8）：51-54.

[4] 秦德君. 采桑：农耕文明的濮上风光与文化意象［EB/OL］. 学习时报，2013-10-07.

[5] 刘怀荣. "采桑"主题的文化渊源与历史演变［J］. 文史哲，1995（2）：52-55.

[6] 解亚珠，孙姝. 传统诗歌中采桑女与采莲女文字形象的比较［J］. 湖北经济学院学报，2012（5）：100-102.

[7] 杜劲. 邂逅采桑女故事的文化蕴意及其在汉代的转型［J］. 枣庄学院学报，2008（6）：36-39.

[8] 李发，向仲怀. 《诗经》中的意象"桑"及其文化意蕴［J］. 蚕业科学，2012（6）：1093-1098.

[9] 顾海芳. 桑的文化蕴涵［J］. 牡丹江大学学报，2010（6）：3-7.

蚕之源起

家蚕，又称桑蚕，起源于中国的古野蚕，是一种以桑叶为食料的泌丝昆虫。中国古代先民让栖息在原始桑林中的古野蚕经自然淘汰，进化为古代原始蚕，通过不断地人工选择、驯化家养而培育成家蚕。家蚕在中国驯养的历史已有5700多年[1]。

蚕吐丝结茧，造福桑梓，古人对这一"吐丝昆虫"为人类所谋福祉的功德寄予无比深情。从而以万物有灵的思维勾画出诸多美妙的神话和传说。例如，说蚕是龙精，说蚕是马变来的，后来又成了天上的天驷星等，可谓不一而足。

中国是世界上最早开始养蚕、缫丝和织绸的国家，此说当已成为定论，但是，关于养蚕的起源，仍存在一时难以解读的争论。

1 有关蚕的神话与民间传说

中国古代在创造文字前，靠神话传说来传播文化[2]。远古人类，由于知识的不足，对于日月星辰、鸟兽虫鱼的生长和死亡，这些大自然的现象，无法解释，就会产生各种幼稚的、天真的想象和解释，这应算是神话的起源。

追寻中华民族的根，有几个伟大的名字是不能回避的，他们是伏羲、神农、黄帝，即"三皇"。伏羲位尊"三皇"之首。中华文明史上一些重大的发明创造，如画八卦、结网罟、兴嫁娶等都附着在伏羲身上。因此伏羲成了文化的化身，被尊称为"人文始祖"。相传在六七千年前，以龙作为民族图腾的伏羲征服了以蚕作为图腾的氏族，开始利用蚕资源。伏羲氏发明乐器，以桑制瑟，以蚕丝为弦，留下了"伏羲化蚕"的传说。《皇图要览》云：

"伏羲化蚕。"伏羲在"运取诸物中，发现了桑上野蚕"。《淮南子·说林篇》云："黄帝生阴阳，上骈生耳目，桑林生臂手，此女娲所以七十化也[3]。"言黄帝别男性和女性，上骈之神生耳目，桑林社神生手臂；在创造人类过程中，女娲承担了化育的工作。桑林为西陵氏黄帝元妃嫘祖的社树，嫘祖在桑林之社将伏羲所发现的野蚕家养，此为后话。

《皇图要览》载："西陵氏始蚕。"淮南王《蚕经》载："西陵氏劝蚕稼，新蚕始此。"《通鉴纲目前编》载："西陵氏之女嫘祖为帝元妃，始教民育蚕，治丝茧以供衣服，而天下无皴瘃之患，后世祀为先蚕。"5000多年前，黄帝打败蚩尤，有人来献丝，黄帝命织成绸，制成衣帽，穿戴起来，既舒适，又华贵，黄帝的妻子嫘祖就把野生的原始蚕移入室内饲养，以防风雨虫灾和鸟兽之害影响蚕茧收成。人们纷纷仿效，养蚕被逐步推广开来，以此嫘祖便被尊称为人工驯养蚕的发明者，被后世奉为先蚕。司马迁在《史记·五帝本纪》中记载："黄帝居轩辕之丘，而娶于西陵之女，是为嫘祖。"但并未提到其发明养蚕的功绩。嫘祖先是在北周时进入神坛（西陵氏神），宋代起进一步阐述嫘祖发明养蚕后，给人们解除了挨冻的患难。此后，形成了以嫘祖的家乡盐亭为中心向四周指导养蚕的传说，继之当与黄帝结婚后，随夫至中原传播养蚕技术[4]。

蚕神在汉族民间有蚕女、马头娘、马明王、马明菩萨等多种称谓，为中国古代传说中的司蚕桑之神，由蚕马神话演绎而来。蚕马神话最早见于《山海经·海外北经》："欧丝之野在大踵东，一女子跪据树欧丝[5]。"这是马头娘娘蚕神的雏形，一开始即为女身，尚未与马相联系。《荀子·赋篇》有赋五篇，其四《赋蚕》中有云："此夫身女好而头马首者与?"言蚕身柔婉而头似马。但《周礼注疏》卷三十《夏官·马质》郑玄引《蚕书》解释："蚕为龙精，月直大火，则浴其种，是蚕与马同气。"贾公彦疏谓："蚕马同气者，以其俱取大火，是同气也。"后人据此将蚕与马相糅合，造出人身马首的蚕马神。三国吴张俨所作《太古蚕马记》，一般学者题是魏晋人所伪托。其实具载于干宝《搜神记》卷十四，其云："旧说，太古之时，有大人远征，家无余人，唯有一女，牡马一匹，女亲养之，穷居幽处，思念其父，乃戏马曰：'尔能为我迎得父还，吾将嫁汝。'马既承此言，乃绝尘而云，经至父所。……（父）亟乘以归。为畜生有非常之情，故厚加刍养。马不肯食，每见女出入，辄喜怒奋击，如此非一。父怪之，密以问女，女具以告父，……于是伏弩射杀之，暴皮于庭。父行，女与邻女于皮所戏，以足蹙之曰：'汝是畜生，而欲取人为妇耶？招此屠剥，如何自苦？'言未及竟，马皮蹶然而起，卷女以行。……邻女走告其父。……后经数日，得于大树枝间，女及马皮尽化为蚕，而绩于树上。其茧纶理厚大，异于常蚕。邻妇取而养之，其收数倍。因名其树曰桑。桑者，丧也。由斯百姓种之，今世所养是也。"此后，百姓据此为之塑像，一女子身披马皮，俗谓"马头娘"，奉为蚕神，供世人祭拜。

2 基于文献学、考古学、生态气候学的研究

中国古代从 6 世纪起就流传着中国文明的创始人黄帝的妻子发明养蚕，在黄河流域提供养蚕，传播到全国各地和世界各国的传说[6]。《通鉴纲目外记》载："西陵氏之女嫘祖，为黄帝元妃，始教民育蚕，治丝茧以供衣服，而天下无皴瘃之患，后世祀为先蚕。"《史记·黄帝内经》载："黄帝斩蚩尤，蚕神献丝，乃称织维之功。"《淮南王蚕经》载："西陵氏劝蚕嫁，亲蚕始此[7]。"以后历元、明、清都有不少著作说到开始家蚕驯化的是皇帝的妻子（嫘祖），并指出驯化的地点就是今天的河南省新郑市。段佑云认为将野蚕驯化为家蚕最初是在今天的陕北。野蚕经历了"一化、二化自然混杂群体→二化、三化自然混杂群体→三化、四化自然

混杂群体"的演化过程。家蚕进化过程为"一化→二化→有滞育多化→无滞育多化"。尹良莹认为嫘祖是饲养家蚕的鼻祖，巴蜀蚕业比中原蚕业起源早。邹景衡认为蚕业起源于山东等。

蒋猷龙根据中国5000年来气候的变化和考古发掘的丝绸文物，提出家蚕"多化性多中心起源"学说。家蚕是中国华北、华东和华南不同地区的野蚕在不同时期驯化而成的种群。驯化之初的家蚕是多化性的，后由于华北和华东地区气候变冷，逐渐加强家蚕的滞育性，形成二化性种和一化性种。而南方气候变化小，继续保持多化性。除中国外，印度和越南可能也是家蚕的起源地。蚕业实际上是从中国的许多地区，在不同时期因不同的目的而发明的。1984年在河南省荥阳县青台村一文化遗址，发现了一件5000多年前的丝织品，1958年在浙江吴兴县钱山漾文化遗址发现有距今4700多年的精致丝带、丝绳和绸片，纺织水平高于北方。四川省的蚕业也是很古老的，很早就有商人带着蚕丝到北方去；远在公元前2世纪中国统治势力到达海南岛以前，那里已有了蚕业；从民族学角度出发，苗族、纳西族和藏族都有本民族发明养蚕以制丝绵、缫丝和食蛹的传说，这说明，各地先民有利用当地桑蚕和驯化桑蚕。迄今在中国少数民族地区，仍保持其缫丝、取绵、食蛹的习俗和技艺的独立性。

杨宗万认为中国南方和西南是桑树分布最集中的野生野蚕栖息最多的地区，可能是蚕业的起源地；海南和交州可能也是起源地之一，家蚕品种主要是有滞育多化和少数二化性品种；黄河流域不一定是蚕业唯一的最早的起源地。周晦若等推测家蚕和家蚕的分化演变经过了两个过程，首先是桑蚕和家蚕从它的共同的祖先古桑蚕分化而来，各自演变成独立的体系；二是从桑蚕和原始型家蚕各自朝着现代桑蚕和现代家蚕演化。山西夏县仰韶文化遗址中发现"一个半割的、似丝的，半个茧壳"，河南新郑市仰韶文化遗址发现距今5000年的丝、麻织品，表明5000年前我国北方蚕业已很发达。

高汉玉、周匡明根据浙江河姆渡遗址出土的 6000 年前骨盅上 2 对相连的蚕纹，钱山漾遗址出土的丝帛实物以及历年来出土的甲骨、铜器等文物的鉴定分析，认为新石器时期南方利用蚕丝纤维已有较高水平。而古代黄河流域的中原地区，蚕丝业也很发达，两者都有可能是蚕业的起源地。

蒋同庆等认为史载伏羲作琴瑟，是中国用丝的最早记载。古代蚕业起源于黄河流域丘陵地带。钱山漾出土丝绸标志着浙江蚕业发生在 4730 年以前。魏东认为中国蚕业发源于长江三角洲，夏朝末叶，养蚕业中心迁到淮海下游，商周时期蚕业中心迁到中原地区。

3 关于养蚕起源的质疑

对于中国古代养蚕的起源，一直存在难以解决的争论。流行最为广泛、影响最大的一种论点是"嫘祖始蚕"[8]。

嫘祖是传说中黄帝轩辕氏的元妃。据《隋书·礼仪志》记载，北周尊嫘祖为"先蚕"（即始蚕之神），《通鉴外纪》记载："西陵氏之女嫘祖为帝之妃，始教民育蚕、治丝茧以供衣服。"这种说法在元宋以后开始盛行，直到 20 世纪 50 年代，中外有关文献在涉及我国养蚕起源问题时，几乎都以基本赞成的态度加以引述。1926 年我国的一位考古工作者和清华大学李济博士在山西夏县西阴村新石器时代遗址发掘到割得很平整的蚕茧[9]。此事引起了国内外学术界的极大兴趣。有人把这半只蚕茧与"嫘祖始蚕"互相印证，由此推定仰韶文化时期黄河流域养蚕业的存在。

然而，也是从 20 世纪 50 年代起，史学界有学者对"嫘祖始蚕"提出异议，其主要理由是这一说法出现较迟。《史记》中虽然提到黄帝娶西陵氏之女嫘祖为妻，但并未说到"始蚕"，可见汉初这一说法尚未出现。《通鉴外纪》为北宋末年著作，《路史》

是南宋人撰写的，《路史》中提到的《淮南（王）经》一般被认为是伪书。虽然北周把嫘祖尊为先蚕，但在此以前北齐也曾把黄帝作为始蚕之神进行祭祀。与此同时，一些著名考古学家质疑西阴村的蚕茧，认为这半个茧是靠不住的孤证。夏鼐提出："在华北黄土地带新石器时代遗址的文化层中，蚕丝这种质料的东西是不可能保存得那么完好的，而新石器时代又有什么锋利的刃器可以剪割或切割蚕茧，并且使之有'极平直'的边缘呢？"这些异议和质疑虽然拥有很多支持者，但远没有得到绝大多数有关研究者的赞同。有人认为，"嫘祖始蚕"虽然出自后人的推想，但作为时代化身而言，早在黄帝时代我国已有养蚕业是基本可信的。对于夏鼐先生的意见，也有人发表反驳文章。日本学者布目顺郎认为，在雨量极小的黄土高原，蚕茧完全可以保存 5000 年以上；他宣称自己用薄的石片和骨片（模拟当时人的生产工具）进行试验，结果切割的蚕茧确实边缘平直。

自 20 世纪 50 年代以后，长江下游地区一系列新石器时代遗址的考古发现，使有关养蚕起源的争论更加趋于复杂。1958 年，浙江钱山漾文化遗址出土了一批丝织品，经鉴定其绝对年代距今已有四到五千年；1963 年，江苏吴江梅堰出土了饰有蚕纹的黑陶；1977 年，浙江余姚河姆渡出土了纺织工具组件和饰有蚕纹和编织纹的牙雕小盅，距今六千多年。所以许多学者认为，蚕纹在陶器和牙雕上的出现，表明了当时人类对蚕的认识程度以及蚕与人类的密切关联。蚕纹和编织纹以及纺织工具的共同出土，说明了蚕丝在纺织中的作用。综合上述系列发现，证明了东南部地区也是养蚕业的一个发祥地，而此地区开始养蚕的时代甚至早于传说中黄帝嫘祖所代表的时代。然而也有人认为，浙江地区的古代文化落后于中原地区，钱山漾下层可能包括不同时代的遗存，甚至可能被破坏过。疑虑被参与文物发掘的人们有理有据地予以排解。而又有人认为，钱山漾地区出土的丝织物，使用的不一定是家蚕纤维，有可能是柞蚕丝等野生蚕丝。针对这些异议，纺织界相关人员使用石蜡切片和显微投影等技术手段，对钱山漾出土绢片进行了重新鉴赏，证实了这些绢片确系人工饲养的家蚕丝。但也认为，出土绢丝数量太少，碳化程度严重，分析鉴定工作有一定的局限性。此外，对河姆渡等处出土器物上的纹饰究竟是蚕还是其他昆虫的形象，也还存在不同见解。

如前所述总起来看，首先对养蚕始祖的崇拜，是中国古老传统中一段不泯的情结[10]。历来有菀窳妇人与寓氏公主、天辰天驷和黄帝之妻嫘祖等不同说法。蚕的自然习性中丝茧、化生功能的本质原因，决定了这些异称别说的共同的意识指归。而随着文明的进化和理性思维机制的深入，蚕祖概念中的神格意义逐渐淡化，相应的，便是人格精神的强化和对于人文行为的历史确认。

其次，基于历史文献，考古学和生态学的研究基本认为，家蚕起源于中国黄河流域，驯化时间在五六千年前的黄帝时代。从野蚕到家蚕的驯化是由多化性开始的。蚕业的起源最可能是在不同的地区先后发端。

再次，"嫘祖始蚕"的传说由来最早不过 1500 多年前，见于史籍较明确的记述也不过千年[11]。晚出生三四千年的文人，追忆黄帝时代的事迹，既无文献传承，又无任何遗物佐证，"嫘祖发明养蚕"只能作为中华民族文明发展史上一则美好的传说，不应当也不能把它作为真实的科学信史看待。同时近代考古发掘证实五千年前的良渚文化期钱山漾遗址中已出土绢丝织物残片和绢线，经鉴定织造技术已相当进步。早在约七千年前的河姆渡文化遗存中已出现了原始的纺织工具和"蚕纹""织纹"，表明先人养蚕早于黄帝时代两千年。我们的祖先已经发现了养蚕取丝的奥秘，否定了"嫘祖始蚕"，把我国先民蚕茧利用的起始从惯常的五千年之久上推了近两千年。

参考文献

[1] 李兵，沈卫德. 家蚕和野桑蚕的起源研究进展[J]. 中国蚕业，2008 (2)：11-13.

[2] 金佩华. 中国蚕文化论纲[J]. 蚕桑通报，2007 (4)：4-9.

[3] 蔡正邦. 伏羲与巴蜀 [EB/OL]. 华夏经纬网，2004-06-18.

[4] 浙江大学编著. 中国蚕业史[M]. 上海人民出版社，2010：18-22.

[5] 施希茜. 蚕马神话概说[J]. 戏剧之家，2014 (6).

[6] 蒋猷龙. 中国古代的养蚕和文化生活[J]. 浙江丝绸工学院学报，1993 (6)：1-6.

[7] 杜周和. 基于Bmanry2基因的家蚕起源与研究[D]. 重庆：西南大学博士论文，2009.

[8] 鲍铭新. 中国养蚕起源于何时.

[9] 李奕仁. 神州丝路行[M]. 上海：上海科技出版社，2012：2-3.

[10] 黄维华. 先蚕考[J]. 文艺研究，1998 (6)：154-155.

[11] 张健. 源远流长的中国蚕业历史的探索者. 载《蚕业史论文选》代序.

"蚕"字趣释

"蠶"是"蚕"的繁写体，承小篆形体而来，其甲骨文为"蚕"的象形字。《说文解字·部》："蚕，任丝也……"所谓"任"即"胜任"之意，也就是吐的意思，"任丝"就是吐丝。而"音 kūn，虫之总名"，指出蚕属昆虫之类[1]。许慎解释"蠶"是"任丝"之"虫虫"。后来有文字学家指出，"任丝"应为"妊丝"；也有干脆改作"吐丝虫"的。《释虫》郭注："食桑叶作茧者，即今蠶[2]。"

"蚕"是一个形声兼会意字。至于简化的"蚕"，从"虫"，从"天"，反映了蚕这种昆虫的由来。天，指自然界，因为蚕最初就是野生的，后来经先民饲养驯化为家蚕，所谓"蚕虫"就是自然界的一种虫。试想，如果简化字的"蚕"上半部能用"夭"为意符的话，就更能体现这种昆虫的特征了，因为"夭"有弯曲之意，形容蚕（幼虫）这种软体昆虫弯弯曲曲爬行的样子是否更为贴切？

1 甲骨卜辞中的"蚕"

甲骨卜辞是中华民族现存的最古老的文字记事[3]。所谓甲骨文字，是指商朝后期写或刻在龟甲、兽骨之上的文字。那时人们非常迷信，喜欢占卜，占卜完毕，就将占卜的时间、人名、所问事由、占卜结果以及验证的结果刻在上面，由此形成了具有明显特征的甲骨文，故名为"卜辞"，也有少数名为"记事辞"。甲骨文约有 4500 个单字，多为从图画文字中演变而成的象形文字，许多字笔画繁复，近似于图画，而且异体字较多，由此可推测中国文字殷商时期尚未统一；同时，甲骨文中还有形声、假借的文字，说明文字的使用已经有了相当长的历史。经过文字学家和考古学家们分析、判断，能辨认的甲骨文字已有近 2000 个[4]。

我国现存最早的文字甲骨文中，蚕、桑、丝、帛的象形字见图 1[5]。

桑　　　　　蚕　　　　　丝　　　　　帛

图 1　甲骨文片中的桑、蚕、丝、帛之形状

在出土的甲骨文片中，有桑、蚕、丝、帛等字，说明殷人早已能用象形字来记录蚕桑丝织这些过程了。在众多的甲骨卜辞碎片中，经诸家鉴定确认为蚕字的有 11 片，已确认为桑字的是 6片，甲骨文中的"桑"以桑树为形，往往用作地名。先秦史籍曾记载，商代开国君主成汤在位时，7 年大旱，成汤于桑林中以身祷雨，后人称为"成汤祷雨"。成汤的名相伊尹，曾是空桑之中的弃婴，被一采桑女所得，从这些文字记载可以推测出商代已大量种植桑树。甲骨文中的各种"丝"，形状均似丝线缠绕，"缫"字中有水，缫釜及蚕茧，属象形字。此外，还有续丝的"续"、断丝的"断"、束丝的"束"、用丝线钓鱼的"钓"、以丝线作琴弦的"乐"，以及用丝帛制成的"衣""巾"等字，它们的字形或造字本义都与丝有关，属会意字。有些如"幽""幼"，则是由丝线的细微含义引申而来。

在一些甲骨文片中，还记载了与蚕、桑、丝和蚕业有关的事和文字。据《河北林业志》载：商族始祖契的初居地在蕃（今河北平山县境）。商族第一位世袭"王"上甲微居住（活动）在河北的易水河流域，殷人迷信鬼神，把契、上甲微和蚕都敬奉为"神"，在出土的甲骨卜辞记录中，有一组"贞元示五牛，蚕示三牛，十三月"的卜辞，意思是某年十三月（闰月）某日，祭上甲微用5头牛，祭蚕种用3头牛。殷历八月三日以三畜祭祀蚕神。殷商后期，武丁时代"乎省于蚕"的卜辞出现9次。据胡厚宣研究，在甲骨卜辞中，有一组完整的卜辞叫作"乎省于蚕"，其原辞这样记载："戊于卜，乎省于蚕。""乎省于蚕"所指为何？原来意思是说快派员去察看蚕事。这样同一内容的占卜达9次，一方面显示了蚕业生产在其经济生活中已是不可或缺的部分；另一方面，这样一次又一次地求神决策，也许当时确实遭遇到了不顺年景，诸如蚕病的袭击，或高温干旱桑树遭灾等，当然这仅是推测而已。当下，有一些学者对甲骨文中的"蚕"字有着不同的解释，他们认为那不是"蚕"字，而是"蛇"字的象形文字。其实，这些"蚕"字的构形虽有变化，但都突出表现了其多环节的生理特征，当是对蚕的生动写照。

2 "蚕为天虫"说

"蚕为天虫"说有好几个不尽相同的版本，但基本都属于民间故事的传说。这里重点介绍有二。

第一，天虫"蚕"的故事[6]。相传远古先民一个偶然机会在树枝和草丛中发现了一种白色的丝球状物，他们好奇地采摘回来，但谁也不清楚它有什么用途。有人划开那白色丝球，里面却是一条虫。有人从丝球上抽出丝来用手捻成线，还有人将乱丝揉成团，又柔软又暖和。聪明的人们意识到这丝可用来织布，把丝集中起来还可以御寒。这种能产生丝球的虫来自哪里？先民们感到十分神秘，猜想是上天赐予的，于是就给它取了个名字叫"天虫"。此后，每到春夏季节，人们就到树林和草丛采摘天虫做好的丝球。拿回来后，有人抽丝，有人纺线，最后织成了布。这种线特别结实，光滑而发亮。织成的布又轻又薄，凉爽而华丽。后来有人观察，那丝球里的虫变成了蛹，过了段时间，那蛹又变成了蛾子，蛾子用嘴将丝球咬出一个洞爬出来，雌蛾和雄蛾自然成对，此后雌蛾就产出一颗颗细如菜籽样的东西来。次年的春天，那"菜籽"里爬出一条条毛毛虫来，靠吃桑叶长大，脱 4 次皮后那天虫就开始结出白色的丝球。了解这一切后，人们开始大量栽种桑树，大量饲养这种天虫，在获得丝球后用于缫丝织绸，也就是从那时起，人们将"天虫"二字重叠起来，念作"蚕"，将丝球改称为蚕做的"茧"。细细想来真是不可思议：蚕，这条小小的虫居然能撑起一个绵延几千年的茧丝绸产业。

民间传说蚕是天虫，是神仙对人间的赐予。《礼记·月令》云："春季之月，后妃斋戒，亲东乡躬桑。禁妇女毋观，省妇使，以劝蚕事。"这里记载了神秘而庄重的劝桑礼仪。此时令人心胸豁然开朗：蚕者，天虫也。天者，大也，高高在上也。把蚕称之为"天虫"，表明了人们对蚕的崇敬。天虫，天赐之虫，像"天使"，是天帝派来造福天下桑梓的。蚕的贡献盖莫大于焉，称为"天虫"当之无愧！据传王安石任丞相时曾大发宏论："四马为驷，天虫为蚕，古人造字，定非无义。"

第二，"天虫"为蚕[7]。民间传说"天虫娘娘"是嫘祖的名号，那么嫘祖是怎样发明养蚕煮丝的呢？据《史记·五帝本纪》《路史·疏仡记》所记载，嫘祖乃西陵氏女，自幼聪明过人，又貌若天仙。黄帝慕名造访，被嫘祖内秀外美的高贵气质所征服，恳求嫘祖做他的正妃。当然，嫘祖的芳心也被轩辕卓尔不群的品格和一统天下的志向所征服，答应了他的求婚。于是，在黄帝出生地——轩辕之丘，黄帝和嫘祖举行了盛大的婚典，嫘祖成了黄帝"四大皇妃"中的"元妃"。嫘祖婚后生育两子，长子玄嚣，被封为"江水国"的君侯；次子昌意，封为"若水国"的君侯。

嫘祖体弱多病。一年的深秋，元妃旧病复发，卧床不起，急坏了黄帝和嫘祖的四名侍女乔仙、乔春、乔桃、乔李。元妃什么东西都不想吃，黄帝非常着急，四侍女商量一番，决定上山去采摘些野果给元妃开开胃。然而当时季节已过，遍山果树都已落叶纷飞，哪有野果可采？寻呀，找呀，四侍女来到宫室西面的古城滩，发现了一片桑林，只见桑树上吊着一些黄白颜色的小果子。她们喜出望外，也不管是酸是甜，每人摘了一筐提回了元妃宫。谁料想，那些果子根本咬不动，也撕不烂。她们以为果子还没有成熟，是生果子，几个人便叽叽喳喳议论起来。没想到议论声吵醒了病榻上的元妃，她问道："你们在嘀嘀咕咕什么呀？"为首的乔仙伸了伸舌头，只得将野果剥不开的情况禀报了一番。元妃听后，将信将疑地道："拿来我看看，是不是生果哟！"乔仙立即捧了一些黄白色小果送到元妃面前。元妃拈起一个野果，一捏硬硬的。元妃说："烧水煮它一煮，看能不能吃。"四女架釜生火，待水沸将小果倒进釜中。过了半个时辰，他们用木棍一搅，木棍上立刻缠满了丝线，几位姑娘觉得奇怪，就用力一阵胡搅，越搅越缠。霎时，一锅果子全都变成了丝线。姑娘们不明这里面原因，你看看我，我看看你，一脸的疑惑。嫘祖躺在榻上，看见了煮果子的整个过程。起初，她也心生疑惑，就叫乔仙拿来木棍上的丝线一看。一看之下，她立时翻身坐起，其病似乎也去掉了一大半，她竟说："快，带我去采果子的地方。"

四位姑娘领路，嫘祖来到古城滩的桑树林。她细致观察了桑树枝上挂着的白色果子，发现桑树枝梢的残叶上还有指头粗、乳白色的虫子正在啃吃桑叶，另外还有些虫子不吃叶子反而在口吐白丝，正在枝头结茧。一下子，她仿佛明白了整个事情的真相。当即回宫禀报黄帝，并要求黄帝下令保护那片桑树林。

次年春天，嫘祖带着四名侍女守候在桑林里，目睹了虫子结茧、破茧化蝶、交尾产卵的全过程。待到桑叶发芽后，小虫子也就生出来了，最后长成指头般粗的大虫子。大虫子老熟了就吐丝结茧。嫘祖此时完全明白了。"这是天虫！"嫘祖对姑娘们说，"咱们养它来煮丝，可以织出美丽的丝织品。"正巧，在桑林边有股名叫"一线泉"的泉水。她们架釜烧水，煮茧抽丝，一举试验成功。黄帝得知元妃嫘祖饲养天虫成功的喜讯，非常欣喜，便赐名天虫为"蚕"，并下令推广养蚕煮丝的发明。

3　"蚕为龙精"说

龙，是中华农耕文化里最具代表性和象征性的形象。中华民族自称是龙的传人，而蚕又是中华农耕文化中占据半壁江山的经济动物。百姓生活，衣食为先，故农桑、田蚕、耕织并重，帝亲耕，后亲蚕，一夫耕，一妇蚕，如此构成了中华民族生存的现实状况[8]。骆宾基最先提出蚕是龙的原型，认为蚕在上古被视为圣虫，它遍体的环形节就是龙的雏形。此说最先将对龙的崇拜与丝绸在我国古代生产、生活中的重要地位联系起来。龙的原型是蚕，可以从近些年出土的大量蚕形龙上得到有力佐证，且以商代最为集中。商代青铜器有蚕纹，这是蚕的神格化的开始。商代蚕祭非常隆重，蚕祭也叫龙祭，说明龙就是蚕神[9]。

"蚕为龙精"最早见于东汉郑玄《周礼注疏·夏官·马质》中的《蚕书》。《蚕书》载："蚕为龙精，月直大火，则浴其种，是蚕与马同气。物莫能两大，禁再蚕者，为伤马与？释曰：'天文，辰为马'者，辰则大火，房为天驷星，故云辰为马。云'《蚕书》，蚕为龙精，月直大火，则浴其种'者，月值大火，谓二月则浴其种，则《内宰》云'仲春，诏后帅外内命妇始蚕于北郊'是也。若然，《祭义》云'大昕之朝，奉种浴于川'，注云'大昕，季春朔日之朝'，是建辰之月又浴之者，盖蚕将生重浴之，故彼下文云'桑于公桑之事'是也。"

《蚕书》这段原文是说：蚕是龙精缩的动物，"大火"星升于地平线上时，就到浴蚕种的时候了；蚕与马同属于一个星宿，世间之理不可两大，故禁止饲蚕，是怕伤及马。郑玄注释有三层意思，一说天文里"辰为马"，"辰"也叫"大火"星，所以，蚕与马同属东方苍龙七宿中的"房"星,"房"星又叫"天驷"星;二说浴蚕种的时间在"大火"星出现时,也就是二月的时候,且在季春朔日,蚕即将出生的时候要再次浴种;三说皇后率领内外命妇于北郊蚕房养蚕,摘公共桑园的桑叶喂蚕。

《管子·水地篇》里说:"龙,生于水,被五色而游,故神。欲小则化入蚕蠋,欲大则藏于天下;欲上则凌于云气,欲下则入于深泉。"东汉许慎在《说文》中解释龙:"龙,鳞虫之长,能幽能明,能细能巨,能短能长,春分而登天,秋分而潜渊。"

上述可知,"蚕为龙精"的根本原因在于,蚕与龙都是时令动物,只不过蚕是实体动物,龙为虚化动物。农耕活动的关键是遵从时令季节变化,小蚕就是龙精。竺可桢先生也曾阐释我国远古先民依靠对星象和物候的观察来定季节。新石器时期以来,当时居住在黄河流域的各民族都从事农业和畜牧业,对于他们而言,季节的运行是头等重要的事。当时的劳动人民已经认识到一年的两个"分"点(春分和秋分)和两个"至"点(夏至和冬至),但不知道一个太阳年里确有多少天。所以,急于找到办法,能把春分固定下来,作为农事活动开始的日期。商周人民观察春初薄暮出现的二十八宿中的心宿二,即红色的"大火"星来固定春分。"……当公元前两三千年时,天蝎座的中央部分,包括心宿二——中国的'火'星(竺按:此星古名"火"或"大火")——约于春分时昏见,这成为一个大的时节。一个特任的官吏守望着这个星宿在东方地平线上出现。"在这里竺可桢先生这段话说远古先民看见"大火"在黄昏时候出现于东方地平线上时,就知道温暖的春天来临了,耕种的季节也开始了。

《说文》解释:"辰者,农之时也。故房星为辰,田候也。"房星是主农时的大星,叫"天辰"。"天辰"出现,表示春季来临,田蚕活动开始了。古代先民勤于观测天象,总结出精密的天文知识,明末清初学者顾炎武说:"三代以上,人人皆知天文。

'七月流火'，农夫之辞也。'三星在户，妇人之语也''月离于毕，戍卒之作也'。'龙尾伏辰'，儿童之谣也。后世文人学士，有问之而茫然不知者矣。"

综上所述，可见上古先民对于时令的重视程度并非一般，这也印证了"蚕为龙精"的深刻缘由：一是对于时令的遵循，饲蚕要遵守季节，而龙更是时令之神的化身，"春分而登天，秋分而潜渊"就是这个道理；二是在于形态和动态上，龙的躯体与蚕的身躯都有修长、柔软的特点；三是龙昂头飞行的动态与蚕昂头觅食的动态也十分相似。

参考文献

[1] 吴东平. 春蚕到死丝方尽——"蚕"字趣释 [EB/OL]. 和讯读书，2017‐04‐29. http：//data. book. hexun. com. tw/chapter‐368‐11‐13. shtml.

[2] 金余一. 蚕，吐丝虫也 [EB/OL]. 网易博客，2015‐12‐29. http：//jindeshen 2007. blog. 163. com/blog/static/107856073201511291130111484.

[3] 中国农业科学院蚕业研究所. 中国蚕业史话[M]. 上海：上海科学技术出版社，2009：29.

[4] 李奕仁，李建华. 神州丝路行[M]. 上海：上海科学技术出版社，2009：26.

[5] 浙江大学. 中国蚕业史[M]. 上海：上海科学技术出版社，2010：5.

[6] 有梦想才有可能. 蚕，天虫也 [EB/OL]. 新浪博客，2009‐02‐26. http：//blog. sina. com. cn/s/blog _ 5e85d0e80100d1sy. html.

[7] 杨世英. "天虫"为蚕 [EB/OL]. 新浪博客，2011‐11‐19. http：//blog. sinacomcn/s/blog _ 6f3c285b0100ud1hhtml.

[8] 陶红，蔡璐，向仲怀. "蚕为龙精"蕴含中华农耕社会"集体意识"的阐释[J]. 蚕业科学，2011，37（1）：88‐92.

[9] 杨新刚. 龙的原型是蚕虫 [EB/OL]. 中华昌龙网，2008‐01‐03. http：// wwwcclercom/longwenhua/longdeqiyuan/200810734120html.

湖南古蚕事拾遗

中国是蚕丝业的发祥地，"农桑并举""男耕女织"反映了这一传统特色产业在古代中国农业经济活动中的重要地位。"丝绸之路"开启了中西方文化交流的千古范例。湖南自古都是农桑繁荣的乐土，其悠久的栽桑养蚕历史、源远流长的蚕桑文化、技术精湛的丝绸制品都与之相映生辉，历久弥新。

1　湖南养蚕起源说

蒋猷龙[1]根据中国近 5000 年来气候的变化和考古发掘的丝绸文物等，提出家蚕"多化性多中心起源"学说，指出家蚕是中国华北、华东和华南不同地区野蚕在不同时期驯化而成的种群。中国的养蚕缫丝究竟起源于何时、何地？目前学术界尚存在分歧。"中国养蚕的起源是属于多中心的，即在不同地区、不同时期、不同程度上分别将祖先型桑蚕驯化为家蚕的。"我们基本赞同这一观点。的确，"人类利用蚕茧及驯化野蚕为家蚕，并非一开始就先在某个特定地区进行，然后再传播各地，而是在不同地区先后发端。"

湖南养蚕业有着悠久的历史[2]。根据史料，认为嫘祖为饲养家蚕的鼻祖。据《通鉴纲目·外纪》载："西陵氏之女嫘祖为（黄）帝元妃，始教民养蚕，治丝茧以供衣服，而天下无皴瘃之患，后世祀为先蚕。"《皇图要览》载："西陵氏始蚕。"《淮南王蚕经》载："西陵氏劝稼，亲蚕始此。"宋·罗泌《路史·外纪第五》载："命西陵氏劝蚕稼，月大火而浴种，夫人副祎而躬桑，乃献蚕丝遂称织维之功，因之广织，以供郊庙之服。"又据元·金履祥《通鉴纲目前编·外纪》载："命元妃西陵氏教民育蚕。"

明·罗颀《物原》载："轩辕妃嫘祖，始育蚕缉麻，以兴机杼。"以上史料反映出原始社会的时代，先民已开始蚕丝的利用或试图驯化桑蚕。虽难于求得确切年代，但较通常所说的 5000 年左右的蚕业历史还要久远很多。《史记·五帝本纪》载："黄帝居轩辕之丘，而娶于西陵之女，是为嫘祖。"按《前汉书·地理志》载："江夏郡辖十四县，首曰西陵，位于洞庭江汉一带。"故西陵在蜀、湘、鄂接壤一带。可见，西陵氏之女嫘祖原为洞庭江汉一带人氏。嫘祖从洞庭江汉一带嫁与黄帝为妃，既然躬亲教民蚕桑，对于蚕业技术必然事前早已熟知。可推测她所熟知的蚕业技术应是从洞庭江汉一带的祖居之地携去，倘若此地的蚕业不发达的话，嫘祖怎会有如此精练的蚕业技术？那就更谈不上"教民蚕"了。从以上我们可否这样推论：洞庭江汉一带（无疑包括湖南之地），应该是最早的蚕业起源中心之一。

有观点认为，如果说蚕业创始自古代某一部落或氏族，则这个部落或氏族必然出自桑树自然分布最集中、野生桑蚕栖息最多的地方。有学者研究推论：以桑树的自然分布地域来看，南方和西南部可能是属于中国最早的蚕业发源地。我们认为上述观点是可信的。中国的南方或西南，应是最早的蚕业发源地之一。那么，湖南地处华南，其蚕业的创始自有其悠久的历史，因为湖南自古就有丰厚的桑树资源。在古代荆州地区（今湖南全境，以及湖北、四川等省的一部分），桑树资源相当丰富。古农书记载"今世有荆桑地桑之名"，"桑种甚多，不可遍举，世所名者，荆与鲁也"。荆桑，又称白桑，曾是湘西苗族地区养蚕的主要桑品种。亦有人认为：在远古时期，紧邻荆州的澧县一带的树林里，生长着一些野蚕，我们的祖先把这些野蚕茧采摘回来缫成丝，再用纺轮纺成线或绳。依据上述，我们认为地处华南的湖南之地，自古就有丰富的桑树资源，同理应是最早的蚕业起源地之一。

在三湘大地，养蚕的起源，历史上记载很少。2500 多年前的《山海经》上虽有"衡山其上多桑"之说,但也难以确定有桑必定养蚕[3]。秦昭王(公元前306年)使白伐楚,略取蛮方(湖南古称蛮夷之地),始置黔中郡。汉兴,改为武陵郡,当令大人输布一尺,小口二丈,是谓"賨布"。"賨布"系植物纤维纺织物,不是绢帛之类。长沙马王堆出土文物中"素纱襌衣,薄如蝉翼"的丝织品,是否是湖南的产物?马王堆墓的主人是利苍夫人。利苍是汉中央派来襄助吴王的"长沙相"。出土的"薄如蝉翼"的高级丝织品,可能是皇帝赏赐之物也未得而知。"东汉初,湖南还是地广人稀,火耕水耨的地方,谈不上栽桑养蚕。"1950年前,茨充把河南养蚕技术传入了湘南,至于湘北澧县,为楚国腹地,养蚕开端要早。湘西山峦起伏,交通阻塞,少数民族集居之地,养蚕起源于何时?《湖南省志》记载:"黔阳桑味苦,叶小,分三叉,蚕所不食,犵狫(族)取皮(桑)织布,系之于腰,以为带,经纬回环,通不过丈余,名'围布'。"湘西南之黔阳在唐代名龙标,黔阳出现在宋代以后,这故事不过千余年。如溯源战国前,巴人所活动的黔中北部的黔阳,则此故事应在2500年以前。

2 湖南养蚕的发展

据《尚书·禹贡》记载:"荆州,厥篚玄纁玑组。"荆州出产玄、纁、玑组。玄是黑色,纁是用茜草多次侵染而成的红色,玑组是穿丝带的珠子。可见西周时期洞庭湖区的蚕桑生产已初具规模,并有一定的技术水平[4]。

春秋战国时期,湖南的丝织业已盛过商周,以蚕丝为原料的丝织品繁多优美。1949年,在长沙陈家大山楚墓中出土了一幅人物龙凤帛画,章楷主编的《中国丝绸志》记载:"可以证明春秋时代湖南洞庭湖一带,已有蚕桑丝织品。"

西汉时期,湖南人口已有71万。由于湖南土地肥沃,外地人逐渐向湖南迁徙。到东汉，全省人口达到 280 多万人。人口的增长，促进了洞庭湖周围地区的农业和蚕桑业不断发展。公元前 5 世纪《后汉书·卫飒传》记述："南阳茨充代飒为桂阳。亦善其政，课民种植桑、柘、麻、纻之属。劝令养蚕、织履，民得利益焉。"又据《嘉禾县志》记载："汉朝茨充，善其政教，课民种桑苎。"

三国初期，"李衡于武陵龙阳（今汉寿县）江洲上，植橘千树，树成，岁得绢数千匹"。武陵龙阳的橘农以橘换绢，足见洞庭湖区在当时蚕桑业已有一定规模。

西晋永嘉年间（307—313）至南朝刘宋末，北方民众避难南下的有 70 多万人，其中 1 万多人来到湖南，他们在北方时就有栽桑养蚕的传统，到湖南后还继续从事农桑生产，从而促进了湖南蚕桑业的发展。南朝时期，湘州已是"民丰土闲"。孙谦在零陵等地做官，"劝课农桑，务尽地利，收入常多于邻境"。南朝梁日方《达异记》载："洞庭湖多桑苎。"

唐代是湖南省蚕业的繁荣时期。据《武陵县志·田赋》记载："唐……每丁岁输绢或绫、𬘓共二丈，绵三两……每丁定役二十日，不役则日为绢三尺。"这样的政策无疑对当时湖南的蚕业生产起到了一定的促进作用。据清光绪十一年重修的《湖南通志·食货上》记载："武陵居民，勤于耕织，自贞观（627）以来，制锦绣为业，其色鲜明，不在成都锦官下。"《唐书·地理志》载："澧州土贡纹绫练缚巾。"由此可见，唐朝初期，湖南沅水、澧水一带每个男子都有能力向朝廷交纳税丝，并以"制锦为业"。栽桑养蚕、织锦已发展到家家户户，蚕桑生产也具一定规模。且制锦绣的工艺技术，已经达到当时有名的成都"锦官"水平。僻居于湘西永顺的少数民族生产土绫，厥贡唐朝。土锦亦有名，"以一手织纬，一手用细牛角簪挑花，遂成五色"。郴州土贡纻布、丝布。衡、永两州产罗。尤其是在唐初，绢帛可作为货币使用，用以买米、买鱼、买柴……流通于市面，促进了湖南蚕业发展。

唐制全国行政区划分十道，分道贡赋丝绸。其中湖南的岳、潭、衡、永、郴、邵等州，属江南西道采访使。衡、永两州岁入中、平、小罗各一万匹。辰、锦、叙、化四州，属黔中道采访使。厥赋麻纻、纱、绫、锦、练。澧（今澧县、安乡一带）、朗（今常德）二州，属山南东道采访使。厥赋绢、布、绵、细。湖南岁厥赋绫、罗共 7 万匹。与民众自留的丝绢，折合蚕茧，已达万担以上。当时湖南的丝绢主产地，主要集中在湖南现今湘江流域的零陵、衡阳和沅、澧水流域的常德、澧县。

唐玄宗天宝十四年（755）"安史之乱"之后，北方经济遭受严重破坏，《中国通史》记载："洛阳四面数百里，州县皆为丘墟。"但"安史之乱"对南方的影响较小，湖南的农桑生产仍稳步发展。刘晏云："潭、桂、衡阳必多积谷……沧波挂席，西指长安，三秦之人，待此而饱；六军之众，待此而强。"洞庭湖区的蚕桑，也较发达。

唐末五代十国时期，军阀各霸一方，扩充势力。当时湖南楚王马殷，"抑买民茶运茶于河南卖之，以易增纩、战马而归"，但还不能满足马殷政府扩充军备之用。又规定"百姓纳税，要以绢代钱"。百姓只能种桑养蚕缫丝织绢以交赋税。

北宋（960—1127），丝帛贡赋，仍承唐制。征调绢绸丝绵，以供军需的时候，规定"就所产折科和市……青、齐、郓、濮、淄、潍、沂、密、登、衡、永、至州平"。所谓"就所产折科和市"，即当地土特产，折成税额，按官价收购。其中衡、永是湖南蚕丝产地。说明衡、永两州从唐初至宋初三百多年，蚕桑生产是稳定发展的。宋朝国税中有农桑、丝绢之税，当时规定湖南每年要缴纳夏税丝、农桑丝共 1.71 万斤（1 斤＝500 克）。据史料记载，全省缴纳丝税的有 65 个县，其中缴纳税较多的府县有：

长沙府——长沙702斤，善化（现长沙范围）347斤，湘阴1146斤，浏阳1467斤，湘乡1540斤，茶陵904斤，攸县996斤，醴陵641斤，益阳488斤，湘潭463斤；岳州府——岳阳1404斤，平江1291斤，华容452斤，临湘325斤；常德府——常德497斤，桃源315斤；衡州府——衡阳135斤，耒阳595斤，酃县（今炎陵县）92斤。

南宋（1127—1279）时期，洞庭湖区的蚕桑有了明显的发展。清道光《直隶澧州·荒歉》载："南宋绍兴三年（1133），连雨至五月，害蚕、麦、稻，郡县圩田坏。"说明当时澧州（今澧县、临澧、安乡县一带）农村养蚕、收麦、插秧，成为农家春季三项主要农活。1130年钟相（武陵人）、杨幺（龙阳人）在洞庭湖一带起义，以摩尼教为宣传，号召入教后，可得"田蚕兴旺，生理丰富"。农民踊跃参加，很快占领了常德、长沙、辰溪、澧州等19个县。可见当时提出"田蚕兴旺"的口号，符合农民的心愿。

元代，棉花的种植在长江和黄河流域迅速推广，人们生活中所用的衣被大多采用棉织品。但丝绸制品仍深受权贵和有钱人喜爱，湖南仍有不少地方栽桑养蚕。

明朝，纺纱织布成为湖南农村重要的家庭副业，洞庭湖一带的蚕桑生产有所减少。常德、平江、益阳等《县志》中都有记载："明初征丝，后改征绢，又折征米，又折征银。"湖南湘西少数民族地区，民间丝织业在明代发展很快。洪武二十九年（1396），"以湖广诸府，宜于种桑，而种之者少。命康茂万为营田使，取淮（安）、徐（州）桑种二十石，派人送至辰溪、沅陵、保靖、道县、零陵、宝庆、衡州等处，各给一石，使其民种之。数年之中，民获大利"。万历年间（1573—1620），湖南红苗集居的乾州（今吉首）"桑麻遍野，赖以为衣"。少数民族广泛用蚕丝做绣花衣裙、丝包头、土绢、锦绸、丝帐。

清朝自鸦片战争（1840）后，打破了"闭关锁国"，随着海禁大开，丝绸对外贸易发展很快。由于生丝外销价高，刺激了农民的养蚕积极性。清光绪甲午年（1894），湖南巡抚吴大澂购湖桑苗，发给乡民栽植。1903 年，湖南再次赴浙江采办桑苗 32 万株，由善后局委员运到省里，分派州县栽植。1904 年，湖南农务局购办浙江湖桑苗等树苗 70 万株来湘，由局宪通饬各属劝民购取。湘乡李孝廉葆元订购湖桑、橡树各 10000 株，约人择地兴社，于南洲（今南县）沙港子购买荒洲一处，修筑堤岸，栽桑至二三十万株。到 1907 年，全省蚕茧产量达到 2.5 万担。

3 湘西国际古道的蚕丝传播

湘西国际古道的往来起始，据《桑植白族简况》记载[5]，远在 1251 年蒙古人灭了大理国后，组织了一支"寸白军"，随蒙军到了南方，1261 年后，部分"寸白军"在湘西落了户，说明 700 多年前滇、黔、湘已通行无阻了。据《元史帝纪》记载 1296 年"缅王遣其子僧伽巴叔撒邦巴来贡方物"。何为方物？《昌平象房来历》载："丁酉年元日进大象。"过去朝廷定都长安时，下达滇、黔政令，多取道四川，元世祖忽必烈统一中国后，通往滇、黔水陆驿传，便改经湖南五溪地域了。上述贡象，必经湘西到开封，然后北上。又据明代王士性（万历五年进士，曾在四川、云南、贵州等地为官）著《广志绎》一书，记载其身历其境，记有路程等，曰："武陵至贵州镇远二十站，水、陆路相有出入。商贾货重，又不能舍舟，则下水半月，上水非一月不至。镇远至滇，云共二十余站，皆肩挑与马、赢（俗作骡）之负也。每站虽云五、六十里，实百里而遥。士夫商旅纵有急，止可一日一站，破站则无宿地矣。其站皆以军夫。"由昆明至宝山，行程半月，保山至缅甸交界地蛮哈，亦约半月行程。

怀化市靖州苗族侗族自治县寨牙乡有个岩脚侗寨，这里最具特色和历史底蕴的是"古丝绸之路"，寨子里有一段极具韵味的青石板路，就是侗寨的古驿站——古丝绸之路，现保存完整的古驿道全长约 6 千米、宽约 1.5 米，全用青石板铺成。驿道穿寨而过，沿山而上，向西而行，直达通道县境内。侗寨古驿道为明朝时"南方丝绸之路"重要分支——湘黔古道和湘桂古道的连接线[6]。

有关丝绸之路的研究资料多不胜数[7]。今天人们对"丝绸之路"的理解，无论从时间还是空间上，都将其视作中国文明与欧、亚、非三大洲的古代文明相通、交往、交流……现在，人们所讲的丝绸之路，通常都包含陆上丝路和海上丝路。陆上丝路起始众多：张骞通西域、班超重开丝路、周穆王西游传说、草原之路、西南丝绸之路、唐蕃古道、交趾道等。与湘西国际古道相关联的是西南丝绸之路。西南丝绸之路起于四川成都，止于现在的印度。其路线由灵关道、五尺道和永昌道组合而成。永昌道站点为：大理—永平（古博南）—保山（古永昌）—腾冲（古腾越）—缅甸—印度。

归总西南丝绸之路永昌道的湘西国际古道示意图：沅陵→泸溪→辰溪→芷江→镇远→清平→安顺→平夷→昆明→大理→保山→蛮哈→蔓德勒（缅甸）→印度。

择其史料一、二为例：乾隆五十三年（1788），缅使以金叶表、金塔、宝石、驯象 8 只等入贡。当时刑部右侍郎王昶自云南视察回京，据他的《雪鸿再录》记载："8 月 5 日，抵清平县（属贵州），馆舍其幽靓，盖以备缅甸贡使修葺也。8 月 11 日，过冷水塘，是沅州芷江县境也，湖南闻缅甸使节将至，灯棚戏馆，陈设甚盛。并安排古老辰河高腔戏招待。"嘉庆二十四年（1819），缅甸贡象队伍，与前在云南主考的林则徐在沅陵境内马鞍塘相遇。据他的《滇轺纪程》记载："贡使与件送者前后相距两天路程。显然，是由于队伍庞大而沿途扶马不足[8]。"

这条开通的国际古道，繁荣了湘西的商业和养蚕业。据《清稗类钞·农商类》载，湘西一带的苗族，也兴起种桑养蚕，"辰州苗民与汉民交易，辄以牛马，载杂粮，布绢之物，以趋市集……届时毕至，易盐、易蚕种等。由于苗族人民不知育蚕种的方法，春时，汉人所有之蚕出，辄结伴负笼，以货物易之"。其他商业有以下说明：镇远、滇货所出，水陆之会。滇产如铜、锡，斤只值钱三十文，外省二、三倍其值者。滇货远至镇远，则从舟下沅江，直至常德、两湖、两广的商船，可直抵贵州古镇城外。

由于这条国际古道的畅通，蚕丝生产技术得到了广泛传播。乾隆三年（1738），陈玉壁，山东历城人，来守遵义，越年，遣人归历城售山蚕种茧，推广柞蚕。由于路途遥远，携带的蚕种中途在湖南湘西茧蛹孵化了。中途孵化的小蚕，给湖南柞蚕做了开端。第二年，陈玉壁又派人回山东取种茧，自后遵义柞蚕饲养成功并推广，"其丝行（销）滇、蜀、闽诸省"。

云南是古代巴蜀和湘黔国际路线的交叉点，云南对传播蚕桑生产技术，有过很大贡献。公元前297年，楚顷襄王遣将庄豪，从湖南沅水溯江而上，到了贵州且兰（今黄平），登岸、步战，既灭夜郎，因留王滇池。当时夜郎无蚕桑，故其郡最贫的记载。庄豪入滇，带来了楚国先进文化，促进了这一地区的农业、畜牧业、渔业、纺织业等生产技术的发展和提高。秦时，云南部分地方的劳动者，常于春夏间到巴蜀当佣工，到秋冬闲月又回去。而巴蜀人贩卖缯、布，到云南作贸易，又贩卖作马髦牛等回巴、蜀。西汉时，生活在澜沧江流域五万户、五十余万哀牢人，居地肥沃，宜种五谷和桑麻，以农业为主，人们善于织锦叠、兰干细布、文绣、绫锦和毛蜀等，还用梧桐木华（木棉）织布，且掌握了染色的技术。这些产品和技术，通过这条国际古道，向东传播到了贵州、湖南一带的苗、僮族，他们所织的印花、挑绣，极为美观，和哀牢族的织品有着传统的关联。

4　湖南的蚕文化

古代先民在蚕业生产实践中，不仅积累了丰富的科学技术知识和经验，同时将桑、蚕和丝的形象移植和充实到社会生活的各个层面。在漫长的历史进程中，伴随着蚕业的发展，形成了独具风格的蚕文化[8]。

4.1　诗词书画与蚕文化

晋朝，洞庭湖区蚕桑业比较兴盛。东晋陶渊明在《桃花源记》中描述，在武陵山脉有一群山环抱，桃花映掩之地，一群先秦遗民在这里营造出一个"世外桃源"，过着"不知有汉，无论魏晋"的"小国寡民"的生活。这里"土地平旷，屋舍俨然，有良田美池桑竹之属。阡陌交通，鸡犬相闻"。

唐代安史之乱，湖南的农业仍稳步发展。刘晏云：元稹描述元和（806—820）时岳州农村诗"年年四五月，茧实麦小秋……"此时，岳阳的蚕农年年丰收，不过农村的税赋亦重，到后唐时期，税收的钱要折成绢帛实物纳税，农民叫苦不迭。柳宗元贬谪永州十年（806—815），有一次路过乡村，在一农家投宿，农民向他诉说政府苛政，难以应付。诗人写《田家》诗三首，其中有云："蚕丝尽输税，机杼空倚壁，里胥夜经过，鸡黍事筵席……"

明代湘西少数民族地区，民间丝织业发展很快。洪武年间取淮徐桑籽 20 石，分种辰（辰溪）、永（零陵）、宝（邵阳）、衡（衡阳），数年后，民获大利。在桑苗集居的乾州（吉首）"桑苗遍野，赖以为衣"。邓大猷咏溆浦农村诗："二月中和天气溆，东风几日草痕绿，白云生处有人家，不种桑麻便种竹。"

明代万历年间，中承陈长乐，在辰溪新建汉寿亭侯祠，刻石歌曰："侯乎侯乎神洋洋，民间俯仰在蚕桑……"

宋代国税中有农桑、丝绢税。南宋隆兴元年（1163），纯州州判王梦雷在平江县勘察时题诗:"处处桑麻增太息,家家老幼哭无收。"说明当时养蚕已经成为农家主要收入之一。

4.2 文物与蚕文化

楚国文学家宋玉在其名著《神女赋》中赞叹"罗纨绮缋盛文章",可见东周时期,湖南的蚕桑生产和纺织业已有了较大发展。大量精美丝织物的出土,证明了当时湖南所产丝织品的优良。

1963年湖南衡东县霞流市出土了一件春秋时期的蚕桑纹铜尊,口径15.5厘米,高21厘米,敞口,束颈、深腹,有圈足,口径布满蚕纹,有的2条或3条小蚕为1组,昂首竖立着,腹部主纹为四片图案化的桑叶,叶面内外均布满蠕动的幼蚕。

1942年,湖南长沙市子禅库楚墓出土"缯书"一件。1973年,湖南省博物馆又对这座墓进行了科学发掘,清理出一件稀有的艺术珍品——"人物御龙帛画",以深褐色的平纹绢为本,长31厘米、宽22.5厘米。

1972年,长沙马王堆一号汉墓出土的丝织品有绢22幅、纱7幅、绮3幅、罗绮10幅、锦4幅,制成品有锦袍11件、单衣2件、单裙2件、袜2双、袍缘1件、夹1件、绣枕1件、手套1件、几巾11件、香囊4件、枕巾2件、鞋3双、夹袄2件以及镜衣、针衣、组带、帷幔、彩绘帛画、木桶衣饰等。对马王堆丝织品用不同取样的多种方法测定:这批2100多年前的丝织品的原料均为桑蚕(家蚕)丝纤维,且单纤很细。投影宽度6.15~9.25微米,截面积77.46~120平方微米,换算纤度0.96~1.48旦。出土的纱纹物中有一件素纱禅衣,衣长达128厘米,通袖长190厘米,仅重49克,"薄如蝉翼","轻如烟雾",它代表了汉初养蚕、缫丝、织造工艺的最高水平。

据马王堆一号汉墓文中记载,丝织品中计有"非衣(T字形帛画)——长丈二尺","白绡乘云绣郭(椁)中紃度——赤掾(缘)","纱绮纩(缘)千金备(缘)饰","绀绮信期绣熏囊——素掾（缘）"以及"纹绪巾"等。上述丝织品中，包括平纹织物绢、纱，素色提花的绮和罗绮，以及彩色提花锦。出土的纱织物中有色彩艳丽的印花和印花敷彩纱，素色提花织中则有菱纹绮和乌菱纹绮等。出土的锦则均为经线提花的重经双面织物，其中有经青矩纹锦和绒图锦等。此外还有绦，即丝织物带子，一个带上织有"千金"二字，故叫"千金绦"。三号汉墓简文也记有"生（缮）——笥""素——笥""绣——笥"等，其数量比一号汉墓出土的还要多。

马王堆一号汉墓出土的薄如蝉翼的素纱和毛茸厚实的绒圈锦，是我国 2100 年前缫丝纱纺技术高超的绝好历史见证，同时也说明了当时湖南栽桑养蚕技术所达到的绝妙境地。考古发现证实了当时湖南的栽桑养蚕事业具有相当高的水准。

参考文献

［1］雷国新，雷语．蚕之源起[J]．蚕丝科技，2015（2）：29-32.

［2］向安强．湖南蚕桑史考略[J]．湖南蚕桑，1990（3）：31-33.

［3］沈汝禄．湖南养蚕的起源和发展[J]．湖南蚕桑，1983（3）：22-26.

［4］谈顺友．湖南蚕业历史回顾[J]．蚕丝科技，2014（3）：23-27.

［5］沈汝禄．湘西国际道上的蚕丝传播[J]．湖南蚕桑，1981（2）：15-16.

［6］湖南靖州岩脚侗寨现明代"丝绸之路"遗址［EB/OL］．网易新闻，（2014-11-17）．http：//news.163.com/14/1117/11/AB8HM0VB00014SEH.html.

［7］李奕仁，李建华．神州丝路行[M]．上海：上海科技出版社，2012：46-53.

［8］被遗忘的国际通道［EB/OL］．新浪博客，（2015-12-19），http：//blog.sina.com.cn/s/blog_159717bd10102x7v5.html.

［9］《湖南蚕业史》编写组．湖南蚕业史[M]．长沙：湖南人民出版社，2011：164-167.

湘绣的文化蕴涵

湘绣，湖南省长沙市特产，中国国家地理标志产品[1-2]。湘绣是中国四大名绣之一，是以湖南长沙为中心的带有湘楚文化特色的湖南刺绣产品的总称。它起源于湖南的民间刺绣，发展过程中充分吸取了苏绣、粤绣和其他绣种的精华，已有 2000 多年历史[3]。湘绣的历史源远流长，湘绣的文化内涵博大精深。

1 述说湘绣

湘绣作为一项重要的国家级非物质文化遗产，具有珍贵的历史、文化、艺术及经济价值。近半个世纪以来，考古工作者曾先后在湖南、湖北等地发现了不少麻布、锦、绢等丝织品、纺织品，其中不少是绣品。一批又一批埋藏在湖南和昔日楚地领域地下的光彩夺目的古绣品的出土，对世人进一步认识湘绣、研究湘绣意义重大。

2006 年，湘绣入选第一批国家级非物质文化遗产名录。2011 年国家质量监督检验检疫总局颁布批准湘绣等实施地理标志产品保护的公告[2]，并制定了质量技术要求。湘绣主要以纯丝、硬缎、软缎、透明纱等为原料，配以各色的丝线、绒线绣制而成。其构图严谨，色彩鲜明，各种针法富于表现力，通过丰富的色线和千变万化的针法，使绣出的人物、动物、山水、花鸟等具有特殊的艺术效果。湘绣传统上有 72 种针法。分平绣类、织绣类、网绣类、纽绣类、结绣类五大类，还有后来不断发展完善的鬅毛针以及乱针绣等针法。在湘绣中，无论平绣、织绣、网绣、结绣、打子绣、剪绒绣、立体绣、双面绣、乱针绣等，都注重刻画物象的外形和内质。即使一鳞一爪、一瓣一叶之微也一丝不苟。从1958年长沙楚墓中出土的绣品看，早在2500多年前的春秋时代，湖南的地方刺绣就有了一定的发展。到1972年又在长沙马王堆西汉古墓中出土了40件刺绣衣物，说明远在2100多年前的西汉时代，湖南的地方刺绣已发展到了较高水平。此后，在漫长的发展过程中，湘绣逐渐锻造了质朴而优美的艺术风格。随着湘绣商品生产的发展，经过广大刺绣艺人的辛勤创造和一些优秀画家参与湘绣技艺改革，把中国画的许多优良传统移植到绣品上，巧妙地将我国传统的绘画、刺绣、诗词、书法、金石等各种艺术融为一体，湘绣形成了以中国画为基础，运用70多种针法和100多种颜色的绣线，充分发挥针法的表现力，精细入微地刻画物象外形、内质的特点。绣品形象生动逼真，色彩鲜明，质感强烈，形神兼备，风格豪放，有着"绣花花生香，绣鸟能听声，绣虎能奔跑，绣人能传神"的美誉[4]。

2 湘绣的历史渊源

湘绣是中国刺绣历史发展过程中的文化遗产代表，据《皇图要览》记载："伏羲化蚕，西陵氏始蚕。"在新石器时代，即距今七八千年前，我国就出现了养蚕缫丝织帛。刺绣要以纹样和色彩为蓝本，因此，《周礼考工记》的"五彩备，谓之绣"，就将刺绣和形象的描画剪纸结合起来。《诗经》中的《唐风》所载"素衣朱绣"、《秦风》所载"敝衣绣裳"、《左传》中的"衣必文绣"，都说明古代中国刺绣的盛行。

刺绣在民间较为普遍。据清嘉庆庚午年（1810年）《长沙县志》卷十四"风俗"条载："省会之区，妇女工刺绣者多。事纺绩者少。"光绪丁丑（1877）《善化县志》（含长沙市西南，望城区）卷一六"风俗"条载："省会刺绣者多，乡村习纺织者众。"说明那时的刺绣还只是自给自足，尚未进入市场流通。

据《宋史·职官志》记载"宫中文绣院掌篆绣"，宋徽宗年间还设有绣画专科，开始有了官方的刺绣学校，设有人物、花鸟、山水等绘画刺绣技术课程，有力推动了刺绣业的发展。明项子京《蕉窗九录》记载："宋之闺绣画，山水、人物、楼台、花鸟，针线细密，不露边缝。其用一、二丝，用针如发细者为之，故眉目毕具，绒彩夺目，而丰神宛然，设色开染，较画更佳。"

1958年，在湖南长沙烈士公园工地所发掘的战国木椁墓中，出土了两件绣花绢残片，证明湖南刺绣已具有2000多年历史。田自秉教授在所著的《中国染织史》中指出"湘绣的历史，过去一般都认为创始于清朝末年，最为晚出。但自1972年长沙马王堆一号墓出土'绢地长寿绣''绢地乘云绣''罗绮地信期绣'等精美汉代刺绣后，对于它的历史有了新的认识。可以这样说，湘绣是在清代后期形成了独特风格的刺绣体系。"

清代是中国刺绣史上的全盛时期，专业分工细致，宫中造办处如意馆的画师绘制绣稿，经审核后发往江南织造局管辖的作坊，照样刺绣，作品极其精美。据张蕾主编的《中国刺绣》一书总序中记载："清光绪二十四年（1898），优秀绣师胡莲仙的儿子吴汉臣，在长沙市区开设了第一家销售自绣品的'吴彩霞绣坊'（后改称为绣庄，又曾改为公司），由于作品精良，流传到各地，湘绣从此闻名全国。当时，湖南宁乡著名画家杨士焯倡导民间刺绣，长期深入绣坊，了解技法，绘制绣稿，创造了许多针法，并培养了肖泳霞、杨佩贞等出类拔萃的绣工，开创了湘绣与文人画家结合的先例。湘绣著名艺人李仪徽首先使用了'掺针绣法'，它能表现物象的浓淡阴阳、色阶变化，大大提高了湘绣的技艺水平。"湘绣的针法细腻、繁多。绣线的色系、色阶品目众多，达到可配任何色彩的程度。湖南近代著名社会史料汇集人徐崇之在《庐演羁居记》述："吾湘旧时绣店，亦题'顾绣'，莫知所从来"，"上海顾绣始于顾氏，顾即顾名世之闺阁妇人，刺绣人物，气韵生动，字亦有法"，"长沙光绪末叶，湘绣盛行。超越苏绣，已不沿顾绣之名。法在改蓝本，染色丝，非复故步矣"，"绣象今复见之湘工，且流播海外，非顾氏所能几矣"。从此湘绣不再沿用"顾绣"之名，"湘绣"的名称，在这个时候见称于世。

据田顺新教授《湘绣的历史渊源》中记载："二十世纪三四十年代，长沙一地开办绣庄多达 40 余家，形成了一定的产业规模。花鸟、山水条屏是湘绣的传统产品。以前以白描为主，后发展为青绿山水、仿古山水等。狮、虎则是湘绣的传统题材，最负盛名。"而在《中国刺绣》一书中提到："1955 年由众多绣庄联合成立了湖南省地方国营红星湘绣厂（生产合作联社）后改为湖南省湘绣厂，1979 年改为湖南省湘绣研究所。湘绣的双面全异绣，其作品的表现形式和技艺水平令人叹为观止，国人誉为'超级绣品'，外国友人称为'魔术般的艺术'"。多年来，湘绣精品作为国家重要礼品，赠送给国外领导人及国际友人，多次参加国际文化交流活动，许多经典之作被国内外著名博物馆珍藏[5]。

新中国成立后，湘绣的发展经历了 3 个阶段：20 世纪 50 年代的"黄金期"。借助毛泽东主席携带《斯大林绣像》等大批湘绣产品访问苏联的"东风"，湘绣产品迎来了面向苏联与东欧的第一个出口高潮。中苏关系破裂后，湘绣出口一度受阻，生产跌入低谷。

20 世纪 70 年代初，进入产业调整期。实现了日用湘绣与装饰湘绣并举，同时由向苏联出口转向对香港的转口贸易。到80 年代初出现"湘绣四大厂家"鼎立的局面，形成第二个发展高潮。一直到 1987 年，湘绣都是湖南轻工行业第一出口创汇大户。

20 世纪 90 年代初，进入"百家争鸣"期。随着乡镇企业和个体经济的兴起，"四大企业"只剩一家，企业起落成为常态。2012 年前后，湘绣产业再次回暖[6]。

3　湘绣的文化内涵

从大量的湘绣作品中可以看出，湘楚文化对湘绣作品有着极大影响，湘绣是以湖南本地的民间刺绣工艺为基础，在广泛吸收其他优秀的刺绣工艺的特色之后逐渐发展起来。从长沙马王堆西汉古墓出土的刺绣作品看，湘绣深受西汉文化的影响，那个时期的湘绣作品呈现了楚汉时期浪漫与热烈的风格[7]。到了清代，湘绣工艺风格愈加成熟，逐渐成为一种具有显著湘地特色的刺绣艺术。如前所述，湘绣的形成离不开楚汉文化、湖湘文化的熏陶，同时深受湖南民间刺绣工艺的影响。湘绣汲取诸家之长，脱颖而出，成为令人叹为观止的中国名绣。

（1）楚汉文化影响。1958 年，长沙烈士公园三号木椁楚墓出土了一批楚绣。1982 年，湖北江陵出土一批同时代楚绣。这两地的楚绣实物有着共同的特征，即均刻画了图腾、巫术、祈福等宗教元素，内容有龙、凤、走兽、仙人等，具有鲜明的楚地文化特征。那么楚绣对湘绣到底有何影响？李泽厚曾经在《美的历程》中多次论及楚汉难以分割，在法律、经济、政治等各个方面沿用了秦朝的体制。而且，在民俗思想、意识等方面，尤其是在艺术、文学等领域，汉王朝也延续了楚国以往的乡土本色。汉王朝始兴之时就是因楚而建。项羽、刘邦的大部队和基本成员大多源自楚地。可以说楚国文化和汉代文化是一脉相承的，在文艺方面基本是一体，无论是其形式还是内容，都表现出明显的连续性和继承性，这和作为北国王朝的秦朝是截然不同的[8]。由此看出，楚地文化对汉代有着深远的影响，楚地刺绣更是直接延续到汉代，从 1972 年长沙出土的马王堆汉墓刺绣品种看，长寿绣、乘云绣及信期绣是这一历史时期的主要绣品。当然，还有中帖羽绣、铺绒绣、方棋纹绣、云纹绣、茱萸纹绣等，所以这些绣品全面展示出楚汉相承、奔放而浪漫的艺术特色。综合出土的楚绣和汉代绣品，他们都显示出共同的湘楚文化元素及鲜明特征。巫神文化是其重要内容，图案造型中抽象变形和写实技法并存其中，而这一特色一直根植在现代湘绣之中，神秘、浪漫一直是代代湘绣艺人锲而不舍的追求，并广泛影响着湘地民间刺绣的发展和传承，湘地现代刺绣艺术也直接受到这一思想的影响。

（2）湖湘文化的影响。谈到湖湘文化，就不得不说到屈原。屈原是"启楚南风气，开一代思行之始祖"，对湘地文化的影响薪火相传。到了北宋，著名经学家周敦颐将其发扬光大，并在思想基础上提出位世实用的实学思想。之后，他的思想被胡宏父、胡安国父子广泛传播，创立了湖湘学派，到了明清及新中国建立，这一思想文化在魏源、王船山、左宗棠、曾国藩及黄兴、毛泽东等名家的推动下达到了历史最高峰。纵览湖湘文化的历史发展，表现出 4 个基本特征，那就是坚忍不拔、勤奋雕琢的意志品质，敢于创新的革新魄力，经世致用的实用思想和心怀家国的爱国情怀，因为湘绣文化对中华文化经典的再创造性，保证了这些特征的持续夯实。而作为湖湘文化"亲身"孕育的湖南刺绣，受湖湘文化影响之大不言而喻：湘绣经历数千年发展，无数的湘地刺绣艺人发挥其聪明才智和勇于探索的精神，掺针体系的发明更是奠定了湖南民间刺绣独特的针法体系，之后鬅毛针绝世针法的创造，更是为极品绣品狮虎题材刺绣的诞生创造了条件，进而直接催生双面皆异绣题材、针法的推陈出新和巅峰发展。湘绣艺术直接受到了湘地文化的影响，是湘绣艺术的核心主干，这在湘绣艺术的各个方面都有呈现，如同样的狮虎题材刺绣，在湘绣中表现出磅礴恢宏的至尊霸气，而在苏绣中则是精灵小巧如猫般温婉秀气，湘绣众多的作品都展现了这种霸气和"巍峨"。如《伟大的会见》《毛泽东在安源》《历史文化名城——凤凰》等，皆以恢宏大气的手法塑造出一种天地人的力量、意志，以及高远的正义精神。湘绣作品的这种特质精神都源于湖南人的性格，坚韧不屈、骁勇善斗、睥睨强权是湖南人自古以来骨子里迸发的品质，此亦为湘地自古多豪杰的原因之一。

（3）湖南民间刺绣影响。湖南民间历来有刺绣的传统，在嘉庆年间的《长沙县志》中曾专门著文提到长沙民间的刺绣生计和发展，在光绪年间的《善化县志》中，更记载了"乡间妇人以刺绣为能，户户皆绣，以为家用"。但随着中国社会的市场化发展，湘绣逐渐被农民当作一种副业，在农闲时刻，乡村女性们把刺绣作为一项贴补家用的生计来源。这种社会经济的市场化推动，使湘绣迅速发展，在 1900 年前后的十年间，仅湖南长沙就建立了四五十家绣庄。刺绣的广泛兴起极大地推动了艺术品位和刺绣技巧的提升，其表现手段也不断地变得深化和多样化，湘绣艺术风格的独特性逐渐形成，湘绣流派也最终被市场确定。湘地民间刺绣的发展过程中，始终承续了古老的巫风色彩，浪漫、荒诞而又神秘，这使得湘地民间刺绣始终笼罩着浓厚的宗教文化色彩，表现出奇幻诡异、瑰丽多姿的艺术风格，因而湘绣的创作和表现手法也备受研究者重视。由于湖南民间刺绣富有视觉新奇性、深厚宗教性、文化性及奇幻瑰丽多姿的艺术性特点，所以极富装饰效果，它大胆的造型、多变的针法和热烈的风格，使民间刺绣在市场上更获民众青睐。其次，湖南民间刺绣具有多针法、多题材、多品种的特点，这个特点是由湖南多民族的丰富的民俗决定的，湖南是白、侗、瑶、土家、苗等民族的集中地，各民族都有善绣的风俗，不同民族的人利用各自的土产材料，创作出极富本民族风味的刺绣作品，因而使得湖南民间刺绣呈现出琳琅满目、各具特色的面貌[9]。

由以上论述可以看出，无论是吉祥与祈福寓意的刺绣题材，抑或是宗教巫术类的刺绣题材，都展现出湖南民间刺绣中受楚汉文化影响的浪漫神奇风韵，同时展现出人民群众的创新意识，反映出大众智慧和健康朴实的审美情趣。所有这些内在的思想沉淀和外在的技巧创新都深刻地影响着现在和未来湘绣艺术的发展。

湘绣从原生态的民间刺绣发展为以国画为蓝本的集多种艺术为一体的绣画，从中国众多的民间刺绣中脱颖而出。它兼有观赏性、艺术性、实用性，在现代商业发展中，更是与油画、旅游文化、纪念品等结合起来，走向了世界各地，成为令人叹为观止的艺术瑰宝。跟其他刺绣相比，湘绣在针法、材质、色彩方面的艺术尝试和创新也是别树一帜。湘绣大师丁佩在湘绣《绣谱》中说道"以纤素为纸，以针为线，以丝绒为色"，确切地道出了湘绣与画笔争辉的艺术魅力，众多画、刺方面名家大师的作品及湘地刺绣的群体创造，都缔造了湘绣有别于其他名绣的独特的艺术特色和历史地位。我们有理由相信，湘绣深厚的文化底蕴、丰富多样的针法技巧必然能经受现代商业的冲击，走向更辉煌的未来。

参考文献

[1] 湘绣（沙坪产区）[EB/OL]. 国家市场监督管理总局（2011年第38号）. (2011 - 04 - 19) [2016 - 12 - 26]. http：//www.cfhqsorgcn/hangye/hunanfenzhongxin/hunan/2016 - 12 - 26/1980.html.

[2] 2011年第38号关于批准对洪湖莲子、蒉山叠翠、碣滩茶、湘绣、马水橘实施地理标志产品保护的公告［EB/OL］. 国家质量监督检验检疫总局. (2011 - 03 - 28) [2011 - 04 - 19]. http：//www.aqsiq.gov.cn/xxgk _ 13386/jlgg _ 12538/zjgg/2011/201104/t20110419 _ 182314.htm.

[3] 中国刺绣发展史略之——湘绣[N]. 中国日报，2015 - 06 - 30.

[4] 子雍巍澜. 湘绣历史沿革［EB/OL］. 今日头条，(2019 - 02 - 12)，https：//a2.app.qq.com/o/simple.jsp? pkgname＝com.ss.android.article.lite&ckey＝CK1433883502130.

[5] 湘绣的历史起源看其传承和发展研究文献综述［EB/OL］. 豆丁网，(2015 - 01 - 03)，http：//www.docin.com/p - 1011131899.html.

[6] 回归产业主流　重振湘绣雄风[N]. 湖南日报，2017 - 03 - 18.

［7］ 成新湘. 浅析湘绣文化的艺术特色［J］. 文艺生活，2016（8）：148 -
149.

［8］ 湘绣艺术及文化分析［EB/OL］. 查字典范文网，（2017 - 04 - 07），
https：//wendang. chazidian. com/lunwen - 223458/.

［9］ 王焱. 湘绣文化的多样性及其艺术特［J］. 吉林艺术学院学报，2013
（5）：37 - 39.

"丝路"考

中华文明源远流长，在中国灿烂的历史文化中，丝绸之路闻名于世。丝绸之路亦称丝路，是中国古代联系亚洲、欧洲和非洲的重要通道，也正是这条通道构成了中国与世界最早的联系。首先，丝绸之路是中国与世界互相了解的窗口。丝绸之路形成后，中国的丝织品开始出现在欧洲，并不断享有盛誉，在罗马帝国，中国的丝织品被当作珍贵物品，引领为社会风尚。同时西方文化也随着丝绸之路的形成进入中国。至此，中国和世界文明开始相互交融，增进了解。其次，丝绸之路成了一条技术通道。当时中国汉族的铸铁、开渠凿井等领先世界的技术随着丝绸之路传播到西方，这些技术对于促进西方经济的发展做出了杰出贡献。第三，丝绸之路是我国古代历史上最伟大的创举之一。中国有诸多世界闻名的创举，像人们耳熟能详的长城、秦始皇陵、大运河、敦煌莫高窟等，均在世界上被广为流传，而丝绸之路也正是这些创举之一，它向世界展示了中国人的智慧和中华民族的前瞻性与民族个性，所以说，丝绸之路是商品贸易之路，是文化交流之路，也是世界各国人民传递情谊、友好往来之路[1]。

1　丝绸之路的形成

丝绸之路是指西汉（公元前202—公元8年）时，由张骞出使西域开辟的以长安（今西安）为起点，经甘肃、新疆，到中亚、西亚，并连接地中海各国的陆上通道[2]。史载："汉兴，接秦之敝，诸侯并起，民失作业而大饥馑。凡米石五千，人相食，死者过半。高祖乃令民得卖子，就食蜀、汉。天下既定，民亡盖藏，自天子不能具醇驷，而将相或乘牛车。"这说明西汉初期国力不济，国库空虚，货缺财乏，一片荒凉残破的景象，就是皇帝想要配齐四匹一色的马来拉车，都办不到，而将军和丞相有的只能乘坐牛车，百姓家中更是毫无积蓄。北方的匈奴则是以畜牧业为主，"逐水草，习射猎，忘君臣，略婚宦，驰突无垣"。公元前200年，匈奴南下，汉高祖刘邦亲率三十万大军，决心以武力解除北方的边患。但刘邦一到平城（今山西省大同市），就被匈奴四十万人马围困在白登七天七夜，后因贿赂冒顿阏氏才得以脱险，史称"白登之围"。因此，怎样解除匈奴为祸的边患，成了西汉政权亟待解决的问题。建信侯刘敬提出和亲的妥协政策，主张与匈奴结亲以换取边境上的安宁，刘邦无奈只得接受了这一建议。汉初对待匈奴以和亲的方式，还赠送大量财物求得暂时的安宁，却没有收到好的效果。匈奴仍然不断南下入侵，掠夺和破坏。自至文景之治，采取休养生息等一系列政策，西汉政府国库才日渐充实，到了汉武帝时，"太仓之粟"，陈陈相因，充溢露积于外，至腐败不可食。国力充盈，国家强大起来，汉武帝刘彻为打击匈奴，计划策动西域各国与汉朝联合，于是派遣张骞前往此前被冒顿单于逐出故土的大月氏。公元前139年张骞带一百多随从由长安出发，日夜兼程西行。不料张骞一行人在途中被匈奴俘虏，遭到长达十余年的软禁。而后他们历尽艰辛逃脱继续西行，先后到达大宛国（今乌兹别克斯坦共和国东部）、大月氏、大夏（今阿富汗）。在身毒（今印度次大陆）的市场上，张骞蓦然看到了大月氏的毛毡、大秦（古罗马）国的海西布，尤其是四川的竹杖和蜀布令他瞠目，由此他推断从蜀地一定有路可通身毒。公元前126年张骞几经周折返回长安，出发时的一百多人仅剩张骞和堂邑父。司马迁称张骞的首次西行为凿空即空前的探险。公元前119年，张骞任中郎将第二次出使西域，历经四年时间他和他的副使先后到达乌孙国、大宛、康居、大月氏、大夏、安息（今伊朗）、身毒（今印度次大陆）等国。张骞通西域，让西汉政府对西域的地理概况、风土人情有了进一步的了解，汉武帝也从开始联合大月氏以扼制匈奴，进而向广地万里，重九泽发展，威德遍于四海。

为了促进西域与西汉的联系，汉武帝招募了大量商人，利用政府配给的货物，到西域各国经商。这些商人出西域后大部分成为富商巨贾，从而吸引了更多人从事丝绸之路上的贸易活动，刺激了边贸经济的发展，进而极大地推动了中原地区与西域之间的物质文化交流。丝绸之路的形成极大促进了经济发展。丝路是陆路通往西方的必经之路，遍布丝路西侧的大小绿洲城郭，是来往商贾进行贸易活动和贸易联络的处所，互助的集市贸易中既能看到来自中原地区的物产，也可看到远道而来的舶来品，商品的流通促进了经济的发展，多边贸易的增多，促进了该地区的经济繁荣。由西域传入中原的如哈密瓜、葡萄、核桃、胡萝卜、胡椒、胡豆、菠菜、黄瓜、石榴等为人们提供了丰富的佳肴，西域特产的葡萄酒经过久远的发展也融入了中国的传统酒文化中。中原的商队输出铁器、金器、银器等奢侈品。所有的贸易活动都为经济的发展、民族间的融合提供了契机。

丝绸之路的形成较好地解决了边陲驻军的粮食问题。古代凡有军事行动，都是兵马未动，粮草先行，而漫漫古道运送粮草的艰辛、困苦又非今人所能想象，劳民伤财、兴师动众不说，光是一路的损耗也是数以千万计，造成了很大的浪费。自屯田始后勤保障充裕，纵然西进也无须长途舟车劳顿运输粮草，朝廷将一个个屯田地域作为一个个桥头堡不断向西延伸。汉班超经营西域30余年，以战养战使西域50多个国家都归附汉朝，不仅维护了汉朝边境的稳定，也增强了边防建设，增加了国家物资储备，大大提高了御敌应变能力，有效地保障了国家边防安全。

2 古丝绸之路的主要路径

丝绸之路通常意义上包含陆上丝路和海上丝路。陆上丝路又可分为西域丝路、草原丝路和西南丝路。海上丝路可分为东洋航线、南洋航线、西洋航线3段[3-4]。

(1) 始于春秋战国时期的草原丝路。1949年，苏联考古学家在戈尔诺·阿尔泰斯克自治省的一座古墓中，发掘出保存得比较完好的丝织品，还发掘到一块精致的中国刺绣褥面。上有用彩色丝线以锁绣法绣出了花枝和凤凰图案，时间为公元前478年。这一丝织品说明早在公元前5世纪，已有一条从黑海北岸经土耳其平原、哈萨克丘陵到准噶尔盆地、河套地区以及蒙古高原的草原之路，这条道路的开拓源于生活在阿尔泰山地区的古代游牧民族斯基泰人，他们西与黑海沿岸的希腊人交往密切，向东则多游牧于蒙古草原。而在不停游牧的过程中，牧民间物物交换，便使东方的丝绸等商品逐渐流传到了西方。草原道路的西端点是希腊，公元前5世纪，中国丝绸已成为希腊上层社会喜爱的衣料。而这条路的东端在蒙古草原，这里生活着北方的游牧民族。他们从中原获取丝绸，然后通过互市贸易，卖给前往西方的商人，并从商人手中获得西方的金银、陶器、谷物等生活所需之物。后来由于北方游牧部落势力增强，轮流统治着北方草原，并时常南下侵扰中原以掠取丝绸等物资，迫使汉朝打通另一条从中原腹地通往西方的道路，就引出了张骞通西域所打通的沙漠绿洲之路即西域之路。这条路比草原之路更为快捷便利，但草原之路并没有消失，直到明、清时期晋商还利用草原通道开辟了万里茶路。将中国的茶叶等物资，经蒙古贩运到俄罗斯并直抵欧洲。

(2) 张骞两次出使开辟的西域丝路。张骞受汉武帝之命于建元二年（公元前139年）、元狩四年（公元前119年）先后两次出使西域，开辟了以长安（今西安）为起点，经甘肃、新疆，到中亚、西亚，并联结地中海各国的陆上通道即西域丝路。这条道路由西汉都城长安出发，沿渭水西行，循着河西走廊至敦煌，由敦煌分南北两路：南路由敦煌西南出阳关，至楼兰（今若羌东北），沿昆仑山北麓西行，经于阗、莎车等地翻过葱岭（现今帕米尔）到大月氏（今阿富汗中西部），至安息（今伊朗），再往西可达条支（今波斯湾口）、通黎靬（大秦，即古罗马帝国），或由大月氏南入身毒（今印度）。北路从敦煌西北出玉门关，至车师前王庭（现今吐鲁番），沿天山北麓西行，经龟兹（现今库车）、疏勒（现今喀），越葱岭，到大宛（中亚的费尔干纳盆地）、康居（撒马尔罕）、奄蔡（今里海、威海间），再往西南经安息，然后往西即达黎靬。

（3）闻名于巴蜀大地的西南丝路。1986 年，在四川广汉三星堆大量文物中发现公元前 11、12 世纪的古蜀国祀坑中有成堆来自印度和缅甸的齿贝。由此可见，西南丝路的开拓已相当久远。这条古丝路以四川成都为起点，以永昌（今云南保山）为中转出口站，称作"永昌道，终点为身毒（今印度）"，故又称巴蜀身毒道。西南丝路从成都开始就分为水陆两路。水路：沿岷江而下，经眉山，穿过青神峡，抵古嘉定府乐山，南下至宜宾（宜宾是秦汉时夜郎道和唐代石门道的起点），穿石门关至昭通市（汉名朱提郡），越过古夜郎国境，穿过滇东高原，到达滇池边的古滇国的曲靖和昆明。陆路：由邛崃（出产邛竹杖的地方）向南直至滇西北的广大区域，古称"牦牛道"，出清溪峡为灵关，再南下至荥经，沿牦牛山脉的藏族地区冕宁、西昌，在云南东部的祥云与水路相汇。再从洱海西去，经博南至保山。保山以西越野人山，分道进入缅甸、越南、印度，再辗转至西方各国。

（4）自广州、泉州等地出发的"海上丝绸之路"。中国海域辽阔海岸线长，北起辽宁的鸭绿江口，南到广西的北仑河口，全长达 1.8 万千米。从远古到 18 世纪其航海事业一直处于世界先进地位。早在殷商时期即已扬帆远航。不仅沿海岸能到达朝鲜、日本，而且很有可能漂流到过拉丁美洲的墨西哥。远至西汉时，已开辟了对印度洋的远洋航路，直到大秦（即罗马帝国）东部（红海西北角）。唐宋以后即已到达非洲桑给海岸进行直接贸易交往。历代海上丝路，可分为3大航线：一是东洋航线由中国沿海港口至朝鲜、日本；二是南洋航线由中国沿海港口至东南亚诸国；三是西洋航线由中国沿海港口至南亚、阿拉伯和东非沿海诸国。上述航线也有将其归并为东海丝路与南海丝路的说法。海上丝路的重要起点有番禺（后改称广州）、登州（今烟台）、扬州、明州（今宁波）、泉州、刘家港等。规模最大的港口是广州和泉州。从3世纪30年代起，广州取代徐闻、会浦成为海上丝路主港，成为从秦汉直到唐宋时期间中国最大的商港；明清实行海禁，广州又成为中国唯一对外开放的港口；时下保存在广州市内各地的"海上丝路"的遗址共有20多处。泉州港发端于唐、宋、元时超越了广州，与埃及的亚历山大港并称为"世界第一大港"；1225年泉州"市舶司"官员赵汝适撰写的《诸蕃志》中记录了泉州与海外58个国家贸易往来的盛况。广州、泉州在唐、宋、元时，侨居的外商多达万人，乃至十万人。

3　与丝绸之路关联的史事点滴

丝绸之路，始建于公元前500年的波斯，一直延伸至公元1453年君士坦丁堡陷落，方告终结。作为人类历史上最为重要的开启当年那些无比重要之时刻的秘门，既通向繁荣的时代，也通往衰败的岁月[5]。

丝绸之路的前身是波斯人建立的。在中国人建立起丝绸之路的好几个世纪以前，波斯人就已经开辟出了一条通往地中海的贸易商路。公元前5世纪，波斯帝国阿契美尼德王朝的君主大流士一世下令修建一条贯通全国的"御道"。这条御道，以苏萨为起点，一直延伸到帝国的西域边陲撒狄为止。这条御道的出现，使得帝国内的远途贸易与交流以一种前所未有、无人能够预料的方式开展起来。后来，早期的罗马人改进了这条商路的基础设施，它的部分遗迹仍留存至今。

波斯信使的高效负责，激励了美国的邮政服务业。波斯信使在御道上投送信件的工作效率非常之高，他们骑着马在 7 天内奔走将近 1700 英里。古希腊的历史学家希罗多德在他的著作《历史》中纪念波斯的骑手们，写道："这世上再没有什么东西比波斯的信使更为矫健。纵使是漫天飞雪、暴雨滂沱、炎炎酷暑，还是沉沉夜幕，都无法阻碍信使们以最快的速度完成其所指定的任务。"这句名言的译本被镌刻在纽约市的詹姆斯·A·法利邮政局内，并且一直以来都被视为美国邮政服务的非官方信条。

丝绸之路建立以前，中国与希腊曾有过短暂的接触。人们普遍认为，中国与希腊之间的初次接触大约是在公元前 200 年，即汉朝初年。事实上，在征服了波斯帝国、打败了其君主大流士三世后，亚历山大在新建的亚历山大里亚城遗置了许多他麾下的伤兵。这些人的后代与当地人相婚配，这种"巴克特里亚"文化同时又向东蔓延，一直影响到赛里斯国的边陲。而希腊人口中所称的赛里斯国，就是今天的中国。

丝绸之路是由德国人所命名的。1877 年，德国地理学家、科学家费迪南·冯·李希霍芬，即未来的第一次世界大战中德国王牌飞行员曼弗雷德·冯·李希霍芬的叔叔，将他在中国生活的十年间所探寻到的地理发现，编纂成了一份三卷的地图集。在那本地图集中，他创设出了"丝绸之路"这一术语。从此，这条古商道才有了一个确定的名称。

中国开辟丝绸之路，一个重要原因是我们非常渴求西方战马。在喜马拉雅山脉正西部地区，除了巴克特里亚帝国，还有一个国家在此独霸一方，那就是中国人所称的"大宛"国，希腊人通常称其为"爱奥尼亚","大宛"这一国名很有可能就来自它的意译。在公元前150年左右，大宛国与中国就有了接触。勇猛剽悍的大宛战马，很快就令中国人深深折服。汉朝人设立了一个"良马育种计划"，帮助他们抵御游牧民族的侵略。由此，蓬勃向上的贸易关系开始建立起来——这正是丝绸之路的萌芽。

万里长城的修建，也有出于保护丝绸之路的意图。中国万里长城中一部分的修建，是为了促进丝绸之路沿线的货物进、出口贸易的发展，保护其不受掠夺者的侵扰。西行的商队一旦远离天都皇城，踏入戈壁滩中，就极易受到游牧民族的侵袭，陷入危险的境地。而沿着丝绸之路北线区域建有堡垒和高塔的一段长城，保卫着这些商队，不受欧亚草原游牧民族的武装侵略，譬如时常来犯我境的匈奴，意即后来的"匈人"的先祖。

丝绸在罗马广受争议，但又极为流行。中国丝绸一进入罗马人的视野，立刻就风靡了整个贵族阶层。罗马、埃及、希腊和黎凡特地区对丝绸的需求欲望一下子高涨，使得汉朝政府通过大量出口丝绸，在短时间内获得了大量的钱币与贵重品，赚得盆满钵满。马克·安东尼和克利奥帕特拉七世都非常迷恋中国丝绸。后来，罗马帝国的首任君主"奥古斯都"屋大维利用了他们的这一偏好，在战争中击败了他们。保守的罗马人也一直谴责丝绸是堕落颓废、道德沦丧、缺乏阳刚之气的代表。但是，不管怎么说，昂贵的丝绸一直不断地输入罗马境内，而黄金与贵重品则不断地输出国外。直到西罗马帝国覆灭，东罗马帝国，即拜占庭帝国，偏安一隅，决定开展一些产业情报刺探活动，才使得这一贸易局面有所改变。

中国一直将丝绸制造的机密深埋于心。数个世纪以来丝绸一直都是中国的主要出口商品，因此中国人竭尽全力地保守丝绸制造的商业秘密。大约公元60年，西方人已然知道，"丝"并不是种植某种中国树木所得的产物，而是由一种蠕虫所吐出来的。当这一点逐渐成为众所周知的常识后，中国人则继续保守着缫丝的工艺秘诀。拜占庭帝国的君主查士丁尼大帝厌倦了向中国支付高额的价款来购买丝绸，因此，他派遣了两名使者，假扮成僧侣前往中国，盗取能够产丝的蚕，并偷运回西方蓄养。很快，丝绸工厂在黎巴嫩和叙利亚相继建立，这一商业欺诈行为打破了中国的丝绸供应垄断地位，奠定了拜占庭帝国经济体系建设的基础。

丝绸之路使得东西方之间贸易与文化的交流成为可能，也为疾病的蔓延提供了传播的渠道。其中，最糟糕的或许当属"鼠疫"，亦即"黑死病"的传播。鼠疫杆菌能够寄宿于老鼠和跳蚤身上，搭乘骆驼客商的队伍，与其同行。因此，每当鼠疫爆发时，它总能迅速地传播。其中最大规模的一场鼠疫数公元541年发生的"查士丁尼瘟疫"。这场鼠疫使得拜占庭帝国元气大伤，令君士坦丁堡的人口急剧下降。另外一场大规模的鼠疫爆发，发生于公元14世纪的中期，其危害性甚至比公元541年发生的那场更为严重。这一次，它有可能又是经由丝绸之路，从遥远的蒙古草原传播而至。

蒙古人恢复并拓展了丝绸之路，促进了文化交流。公元907年，唐朝灭亡。此后，丝绸之路历经五代十国，为诸地方割据势力所控制，重要性不断下降。13世纪，当蒙古人征服了中国大部分地区以后，他们重新建立起丝路，作为远途运输与贸易的枢纽。全盛时期，蒙古人几乎实质上控制了亚洲全境与欧洲中部地区，西起中国的河北省，东至布达佩斯。就这样，蒙古人治下的领域经历了一段相对和平与繁荣的时期，身处帝国内不同方位的人们能够进行贸易交往、互通有无。骆驼商队满载着中国丝绸、胡椒、生姜、肉桂与肉豆蔻来到西方，也会在中途将来自印度的平纹布、棉花、宝石、武器、各色地毯与来自伊朗的皮革制品转卖给西方。相应地，欧洲人也会将白银、上等布料、马匹、亚麻织品与其他货物运入近东或远东地区。

在蒙古人的统治之下，思想从丝绸之路的两端交相流淌。罗马天主教布道团在印度和中国建立，《圣经》被翻译为蒙语。在"蒙古和平"时期，汇票、银行储蓄、保险这些新鲜的词汇被引入欧洲，伊斯兰的数学与科学、中国的造纸术，也进入了欧洲人的视野。蒙古的邮政系统与法典《札撒大典》也随着丝路传播开去，发扬光大，为东方与西方提供了可循的先例。

"无数铃声遥过碛，应驮白练到安西"，新中国成立后，古丝绸之路沿线公路、铁路、航空建设同时并进，欧亚大陆桥全面贯通。古老的丝绸之路迎来了复兴的最好时机。习近平总书记于2013 年 9 月、10 月，先后在中亚、东南亚提出的"一带一路"倡议已上升到国家战略，全面开始实施，并已取得显著成效。古丝绸之路伴随着中华民族伟大复兴的使命必将成为振兴之路、和平之路、友好之路[6]。

参考文献

[1] 靳永年. 从古代丝绸之路的考证论现代丝绸之路之开拓[J]. 陕西蚕业，1989（增刊）：6‒8.

[2] 丝绸之路概要论文. 浅论丝绸之路对中国西部发展的深远意义［EB/OL］. 第一文库网，http：// www. wenku1. com/news/3D54B32BDC812CD8. html.

[3] 周匡明. 中国蚕业史话[M]. 上海：上海科学技术出版社，2009：78‒94.

[4] 李奕仁，李建华. 神州丝路行[M]. 上海：上海科学技术出版社，2009：46‒53.

[5] 印度旅游. 丝绸之路鲜为人知的十件事［EB/OL］. 搜狐网，（2016‒05‒29）. http：// www. sohu. com/a/78250809_395797.

[6] 张国藩. 丝绸之路的前世今生［EB/OL］. 搜狐网，（2016‒04‒28）. http：// www. sohu. com/a/72197215_119798.

中国古代的造纸术与丝织技术的关联

造纸术与指南针、印刷术及火药统称为中国古代科学技术的四大发明，其中造纸术比其余三项发明出现得更早，因而中国纸和造纸术最先传遍世界各地。纸是中国古代劳动人民智慧的结晶，是人类文明史上的一项杰出发明创造。对人类文化和文明的记录、传播和传承起到了不可替代的作用。纸是中华民族文化最重要的物质载体，记录和保存着民族的记忆。了解和探索造纸术的发展渊源以及与蚕桑丝织的相互关联，有助于更好地继承和弘扬中国古代先贤所创造的优秀文化。

1　造纸术发展历史渊源

纸，作为书写材料，并不是自古就有。《易·系辞下》记载："上古结绳而治，后世圣人易之以书契。百官以治，万民以察，盖取诸夬。"结绳时代约在神农氏以前。那时，文字还没有出现，所以就谈不上有书写文字的纸张。商、周时代文字已经成熟，先贤们起初是把文字镌刻在乌龟的腹甲和牛、羊等动物的胛骨上。刻在这些甲骨上的文字，叫作"甲骨文"，甲骨片距今已有三千五百多年的历史，刻在甲骨上的内容大多是商代奴隶主阶级占卜的记录，所以也就有"卜辞"一说。商代除将文字镌刻在甲骨片上外，还把文字刻在石头和青铜器上。甲骨片的获得很费事，刻字也不方便，所以使用甲骨的时间并不久远。春秋战国后，新的记载文字的材料——简牍和缣帛出现并被使用[1]。

竹和木是古人写作选用的材料，也就是文字的载体。被削成狭长且表面光滑的竹片或木片称为"简"，比较宽厚的则称为"牍"。它们有着不同的书写用途。简的长度不一样，有的三尺长，有的只有五寸。经书和法律，通常写在二尺四寸长的简上。写信的简长一尺，所以古人又把信称为"尺牍"。每根简上写字的多少也千差万别，多的三四十个字，少的只写几个字。较长的文章或书类所用的竹简较多，通常按顺序编号，排齐，然后用绳索、丝线或牛皮条编串起来，称之为"策"或"册"。在中国传统文化上，简牍有着极为重要和深远的影响，简牍是中国书籍的最主要形式，后世书籍的产生深受简书的影响。不仅中国文字的直行书写和自右至左的排列顺序起源于此，即使在纸张和印刷术发明以后，中国书籍的单位、术语以及版面上所谓"行格"的形式也是根源于简牍制度。当时，人们除使用简牍外，也开始用丝帛来进行书写。缣帛是用蚕丝织成的，往往一部书就写在一卷缣帛上，以致后来有了以卷记书的说法。

简牍和缣帛作为书写材料比甲骨、青铜更具优势。简牍的制作材料竹和木材来源广泛，容易加工，可用笔墨书写，写错了还可用刀具削去重写，修改非常方便。缣帛柔软、光滑、轻薄，易于运笔、舒卷。然而不足之处，在于简牍较重，不便于翻阅和携带。有些如存放时间过长还会开裂，串简牍的绳索还会断开，出现这种情况，竹片会散乱，不易复原。史书上记载，秦始皇当年每天批阅的竹简公文，重达百斤。西汉时，齐人东方朔上书汉武帝，用了三千根木简，汉武帝看完这些木简足足花了两个月时间。战国时，思想家惠施外出游学，随身携带的书卷就足足装了五车，故就有了"学富五车"的典故。简册太多，运输和存放都很费力，人们常形容说："汗马牛""充栋宇"，因而就有了"汗牛充栋"的成语。意思是说运输书的牛累得出汗，存放书的房间可堆至屋顶，形容藏书很多。缣帛的使用同样存在难处。它虽然比简牍轻巧，但造价昂贵，普普通通的读书人用不起。也由于简牍和缣帛还不是理想的书写材料，所以古人在长期的生产实践中，不断探索，不断创新，寻找能为大多数人所利用的书写材料，直到纸的产生[2]。

早在 1800 多年前，蔡伦精心总结了民间造纸经验，改造造纸工艺，改良造纸技术，使纸的均匀度、光洁度及色泽等方面得到极大提高。他使用树肤（树皮）、麻头（麻屑）、敝布（破布）、破渔网等为原料制成"蔡侯纸"，于公元 105 年献给东汉和帝刘肇，受到高度赞扬。在造纸发明的初期，造纸原料主要是破布和树皮，当时的破布主要是麻纤维，品种主要有苎麻和大麻。我国的棉是在东汉初叶，与佛教同时由印度传入，故用于纺织应是更晚一些的事。另外当时所用的树皮主要是枸皮（即楮皮），枸皮纸曾有"楮先生"之称。到魏晋南北朝时期（公元前 3—5 世纪）纸的品种、产量、质量都有增加和提高，造纸原料也来源更广。史书上曾论及这时期一些与原料有关的纸种名称，如书写经文的白麻纸和黄麻纸。枸皮做的皮纸、藤类纤维做的剡藤纸、桑皮做的桑根纸、稻草做的草纸等。由此可以看出，在魏晋南北朝时期，麻、枸皮、桑皮、藤纤维、稻草等已普遍用作造纸原料。

竹子作为造纸的原料始于晋还是宋，尚有不同看法，南北朝书法家萧子良在一信中曾提到："张茂作箔纸……取其流利，便于行书。"据考证，所谓箔纸即嫩竹纸，张茂是东晋人，看来用竹子造纸可能是初始于晋。

唐代，政治、经济、文化都空前繁荣，造纸业也进入一个昌盛时期。纸的品种不断增加，同时还生产出许多名贵纸张和大量艺术珍品。造纸原料以树皮使用最广。主要是楮皮、桑皮，也有用沉香皮及栈香树皮的记载。藤纤维也广为使用，但到晚唐时期，由于野藤大量被砍伐，又无人管理栽培，原料供不应求，使得藤纸一蹶不振，到明代即告消失。宋代竹纸发展很快，后期市场上十之八九是竹纸，用量之大可以想象。就产区而言有四川、浙江、江西、福建、广东、湖南、湖北等。在工艺上宋代竹纸大多无漂白工序，纸为原料本色。元朝时期竹纸的兴盛创造了历史新篇章，尤以福建发展最为突出。使用了"熟料"生产及天然漂白，使竹纸质量、产量大有改进提高。清代造纸业的发展，麻及树皮等传统造纸原料已不能满足需要。竹纸在清代占了主导地位，其他草浆也有发展。河南、山东、山西等地有人用麦草、蒲草。陕西、甘肃、宁夏有人用马莲草，西北用芨芨草，东北用乌拉草。这些野生草类植物，在清代末期人们已用来制造粗草纸。用蔗渣造纸始于清末，张东铭在徐家坡设一造纸厂以蔗渣为原料，对此《清朝续文献通考》卷三八四有记载。清代草浆生产技术提高较快，用仿竹浆、皮浆的精制方法制取漂白草浆。著名的泾县宣纸就是用一定配比的精制稻草浆和檀皮浆抄制而成，其生产工序一直延续至今。芦苇在清末也有使用。光绪三十二年《东方杂志》三卷 3 期载："陈兴泰在汉口桥口地方，设一造纸厂。先后以芦浆（芦苇）、蔗渣、稻草秆等物，试造日用纸张，有成效。"1891 年，上海创办了"伦章造纸局"，引进了外国的机器造纸技术，中国的造纸开始由手工制作转入机器生产的历史时期。

2　造纸术的传播及途径

中国古代造纸术生产的纸，作为一种廉价、实用而轻便的书写材料，一经传开立即受到普遍欢迎，并以中国为中心向世界各地传播。造纸技术的外传是分以下两个阶段先后进行的：首先是纸张或纸制品，如书籍和画幅等被带往国外，其后是各国学习中国的造纸技术。

（1）造纸技术的东传。中国东邻朝鲜，仅一江之隔，两国之间人员往来密切。据《朝鲜史略》记载："百济（那时朝鲜半岛上有百济、新罗、高丽等三国）自开国以来，未有文字。近肖古王以高兴为博士，始有书记。"近肖古王即位的时间，相当于中国晋朝穆帝永和二年（公元 346 年），他在位十三年。这段文字说明，百济国于四世纪中叶开始用纸，也才有书籍之类。又记载："枕流王立，晋太元四世纪末，百济才有学校。"由此推导，大约在四世纪末，中国造纸技术传入朝鲜，于是朝鲜能自行造纸，以满足兴学校、办教育的用纸需要。据《日本书纪》载："推古天皇（女皇，名'丰御食炊屋姬尊'）十八年（即公元610年）三月，高丽王派高僧昙和法定二人，东渡日本。昙征知《五经》，会制作颜料及纸墨，并造碾硙（音围，石磨之意）。"中国造纸技术通过他介绍到了日本。公元610年是隋炀帝大业六年，中国早已采用楮皮造纸。当时日本的摄政王圣德太子派人学种楮，为造纸准备充足的材料。造纸另一个必不可少的条件是需要大量优质的清水。斑鸠宫是圣德太子的住所，就近可种植楮树，又有清洁的水源可供利用，便在此兴建造纸作坊。在吉野川、初濑川、佐保川等处都兴建了造纸作坊。由于圣德的提倡和昙征的传授，日本人掌握了中国的造纸技术，至今日本的正仓院还保存着早期的日本手工纸"和纸"多种。日本学造纸比朝鲜晚二百多年，但比阿拉伯人早一百多年。

（2）对世界造纸业影响最大的造纸技术西传。尼罗河沿岸生长着一种水生的莎草科植物，叫作纸莎草（俗名纸草），古埃及人把纸莎草取回，除去根叶，用小刀将茎秆的外皮剖成薄片，再把这些薄片并排地铺开，达到适当的宽度。然后在上面又交叉地平铺一层，浇水，用石块压紧。利用薄片上挤出的糖质黏液，使草片彼此粘连起来。经过风干，用象牙或贝壳磨平表面，就成为所谓的"纸草纸"。阿拉伯人早先用来写字的纸草纸就是古埃及人搞出来的，被称为古老的书写材料，也曾经在非洲、欧洲流行。公元前2世纪柏加马斯国王下令用羊革写字，由于"羊皮纸"代价高，对当时欧洲文化的发展极为不利。

公元751年，中国的造纸术传入（阿拉伯）大食国的撒马尔罕（现属乌兹别克境内），附近种植大麻和亚麻，又有河流经过，中国造纸工匠利用这些有利条件，帮助阿拉伯人学习造纸技术，建立了造纸工场。11 世纪阿拉伯的著名作家塔阿里拜，根据前人的著述介绍了造纸法由中国传到撒马尔罕的经过，并且说，正是在中国工匠的指导下纸才成为撒马尔罕的特产之一，"这种纸很美观，又很实用，只有撒马尔罕与中国两地出产"。公元 793 年，阿拉伯王（哈龙·阿尔·拉斯特）在新都巴格达建立一座造纸工场，招聘了中国造纸工匠，这样使得造纸技术又向西迈出了一步。公元 795 年在大马士革（现叙利亚首都）也开办了造纸工场，由于它靠近地中海，交通方便，与欧洲联系密切，所以大马士革生产的纸张大部分运往欧洲，历时很久。公元 900 年造纸术传入埃及的开罗。公元 1100 年摩洛哥人开始造纸，8 世纪到 12 世纪初阿拉伯人曾垄断造纸技术约有 400 年之久。公元 1150 年，阿拉伯人渡海，在西班牙的沙提伐建起了一座处理破布的造纸工厂。这是欧洲的第一个造纸工厂。此时，距中国发明造纸的时间已经过去了 1200 多年。

公元 1180 年，造纸术由西班牙传入法国的耶洛城，公元 1271 年，阿拉伯人通过地中海，经过西西里岛抵达大利，又在门特法城建立了造纸工场。此后，造纸术由意大利传入德国（1312 年）、瑞士（1350 年），又传入俄国（1567 年），由西班牙传至墨西哥（1575 年），另外，由法国传入比利时（1332 年）、荷兰（1323 年）和英国（1460 年）。1696 年，造纸术由荷兰传入美国，再传入加拿大（1803 年）。后来，澳大利亚也有了造纸业。斯堪的纳维亚半岛上的几个国家，瑞典于 1532 年开始造纸，丹麦于 1540 年开始造纸，芬兰于 1560 年开始造纸，挪威于 1654 年开始造纸。

但其造纸术究竟从哪条路线传入，尚无确切史料可考。撒马尔罕的造纸业兴起，使曾经广泛流行的纸草纸黯然失色。纸草纸的制作时间长，但不耐折叠等缺陷突出。中国造纸法传入欧洲后，人们把以破布（麻织物）为原料的纸叫作破布纸（即所谓"褴褛纸"）。从而取代和淘汰了纸草纸，破布纸（后来又有用棉织品废料抄造的）面临的竞争对手主要是羊皮纸。羊皮纸虽然昂贵，但是用毛管尖蘸染料在上面书写比较流利。王公贵族和主教僧侣们以使用羊皮纸为荣。由于当时欧洲社会文化水平较低，识字的人少，对纸张的需要不太迫切，所以 10 世纪左右欧洲人主要使用羊皮纸，同时还从非洲输入一部分破布纸。到 12 世纪，欧洲已能自制破布纸。其后，德国古登堡印刷所的建立，刺激了造纸业的发展。14 世纪文艺复兴开始，对纸的需要量急骤增加，读书、看报的人多起来了。人们欢迎价钱便宜的破布纸，并且利用破布纸加工成所谓的"仿羊皮纸"或"假羊皮纸"，从而取得非凡的成绩和胜利。于是，欧洲的羊皮纸后来就成了博物馆内的陈列品。如上所述，中国的造纸术从亚洲传至非洲、欧洲、美洲，最后传入了澳洲。19 世纪初叶，世界五大洲都建立了造纸厂，为各国人民生产物美价廉的纸张。

3　造纸术与丝织间的关联

中国古代的文字最早是刻画在陶器上，而后是刻画在甲骨上，再然后是铸造在钟鼎上。这种刻画方式操作十分困难，技术要求高，书写缓慢，不是随便哪个会写字的人就能刻画好的。同时，上述的这些文字载体非常难以携带。也因为如此，大约在春秋时期，古人发明了用竹木片烙烫或毛笔书写文字的竹简和木牍，使存留文献和记事的方式向前又迈进了一大步。然而这些文字载体携带不便，古人又尝试改变文字载体，试着在"缣帛"上书写成所谓的"帛书"。缣，为双丝的细绢，在这种材料上书写，无论是书写速度、笔画的流畅程度，以及携带和收藏的方便性都比以往的各种文字载体有了巨大进步，同时也为书法和绘画的艺术化过程打下了基础，所以后来有以卷计书的说法。从此，纸张作为一种书写文字的载体，开始了与丝绸纺织的不解之缘[3]。

帛书约出现在战国时期，当时丝绢是非常昂贵的奢侈品。例如汉代一匹四丈长、二尺二寸宽的缣帛，其价值相当于720斤大米，在这种载体上写字，真可谓一字值千金。须知在古代农业社会中，大米的价值可不是现代工业社会的廉价概念。如此昂贵的书籍，普通百姓如何买得起、读得起？所以直到汉代蔡伦发明造纸术之前，帛书也没有完全取代竹简。帛书后又出现了一种价值低于帛书的书写材料：利用缫丝下脚料茧衣、烂茧、蛹衬、废丝碎屑等原料，采用煮漂、荡筛、捶打等方法形成薄丝片，再将其晒干辗展，做成一种"絮帛"。絮者，敝绵也，即较粗而乱的丝绵。采用这种类似现代绢纺工业一样的廉价原料，所制得的书写产品相对缣帛而言是较为便宜的。制造絮帛的工艺过程和原理已经十分接近于造纸，因此絮帛应该算是最原始的纸。"纸"字的发明早于蔡伦造纸至少300年，因此"纸"最早应该是指絮帛，而非后世的植物纤维纸。东汉许慎《说文解字》云："纸，絮一苫也、丝滓也。"故而纸字从"糸"之意、从"滓"之音。如果说制书其实就是丝绸制品的话，那么，从原料和加工工艺上看，絮帛就是一种蚕丝无纺布。至此为止，纸，还只是一种丝绸副产品，跟后世真正意义上的植物纤维的纸张，还是完全不同的两种概念。

纸的产生也与纺织技术联系密切[4]。中国古代纸的演变经历了缣帛纸→丝絮纸→植物纤维纸。《后汉书·蔡伦传》中有"自古书契多编以竹简，其用缣者谓之纸"的说法，"缣帛"是中国古代丝织物的总称。由于《后汉书》成书于公元445年，中国正处于南北朝时期，从《后汉书·蔡伦传》及其成书年代可以肯定：虽然缣帛纸并非植物纤维纸，但从南北朝时期人的角度来看，缣帛纸同植物纤维纸的用途一样，故有缣帛纸一说。"缣者谓之纸"的说法也从一个方面说明纸的产生与纺织技术，特别是与丝织技术有着密切的联系。考证古代文献典籍，可以发现记载东汉以前关于"纸"字的文献都是后代人撰写或加注的，明显带有解释的意味，不足为据。对于纸的描述比较可信的文献有两处，一处为东汉早期许慎的《说文解字》，二是东汉末年的《东观汉记》。《说文解字》说"纸—絮—苫也。从纟""絮—敝帛系也""苫—潎絮箦也""潎—于水中击絮也""箦—牀栈也，即竹席""纟—细丝也……凡丝之属皆从纟"。由此可见"纸"的定义是：在水中击敝丝絮时，存在竹席上的一片絮渣。《说文解字》中关于纸及其相关的解释说明：远古以来，中国人就已经懂得养蚕、缫丝。秦汉之际以次茧作丝绵的手工业十分普及。处理次茧的方法称为漂絮法，操作时反复捶打，以捣碎蚕衣。这一技术后来发展成为造纸中的高浓打浆。此外，中国古代常用石灰水或草木灰水为丝麻脱胶，这种技术也给造纸中为植物纤维脱胶以启示。纸张就是借助这些技术发展起来的。《东观汉书》中有"黄门蔡伦，字敬仲，典作上方，造意用树皮及敝布、渔网作纸，元兴元年（公元 105 年）奏上，帝善其能，自是莫不用，天下咸称蔡侯纸也"。从这两则文字中所涉及的时间上看，《说文解字》关于纸的解释要早于蔡伦发明造纸工艺 5 年，看来"纸"的原义并不是指蔡伦所造的植物纤维纸而是丝絮纸。此外，蔡伦的纸在东汉时被称为"蔡侯纸"，更是说明纸的原义是丝絮纸，只是"蔡侯纸"出现后由于制作方便、经济实用，导致大行其道，最终纸的定义由"蔡侯纸"所取代。

语言是一个民族的象征，文字是一个民族语言曾经活生生存在于世界上的见证。经过一百年或更长一些时间，一个地区的语言有可能和之前大不相同，但作为语言载体的文字是亘古不变的，它可以更加简便地和其他民族的语言相译。各民族间的交流促成了当今经济全球化的大潮。造纸术作为中国古代四大发明之一，其价值不言而喻。它纵贯大半个中国历史，将文字栩栩如生地演绎。它亦更像是和古代史达成一种神秘默契，成为中国最耀眼的史事之一。造纸术承载了记录和传承中国历史的重任，更像是那种"你生我，母鞠我"的关系。当在新制造的白纸上刻下"某年某月某日，蔡伦为造纸术……"等话语时，是一种何等的浪漫？一种历史独有的沧桑和时光叠加的美感跃然纸上。

参考文献

[1] 造纸术的发明和发展［EB/OL］. 豆丁网，（2015 - 11 - 14），https：//www. docin. com/p - 1358091483. html.

[2] 孙洋. 中国古代造纸印刷术的影响与传播[J]. 兰台世界，2011（8）：45 - 46.

[3] 枝叶繁茂大青树　造纸与丝绸之间的技术渊源［EB/OL］. 新浪博客，2013 - 11 - 06.

[4] 李强，杨小明. 中国古代造纸印刷工艺中的纺织考[J]. 丝绸，2010（3）：81 - 85.

第二章　蚕桑科技篇

中国古代的养蚕业

生物学研究表明，家蚕起源于野蚕，家蚕由野蚕驯化而来。"伏羲化蚕""嫘祖始蚕""马头娘佑蚕"等神话传说，表明我国古代在文字创造前已经对家蚕或养蚕有了丰富的认知。"河姆渡文化""仰韶文化""良渚文化"等考古的发现及"甲骨文"《诗经》《史记》等文字的记载，充分显示了我国具有悠久的养蚕历史，养蚕起源于中国亦是不争的事实[1]。

1　养蚕区域分布

西周春秋时期，蚕桑业的地域分布，解读《诗经》便可窥知其概貌[2]。

《邶风·绿衣》："绿兮丝兮，女所治兮。"《邶风·简兮》："有力如虎，执辔如组。"《鄘风·桑中》："其乎我桑中。"《定之方中》："降观于桑""说于桑田。"《干旄》："素丝纰之""素丝组之""素丝祝之"。《卫风·硕人》："衣锦褧衣。"《氓》："抱布贸丝""桑之未落，其叶沃若。"《郑风·将仲子》："无折我树桑。"《丰》："衣锦褧衣，裳锦褧裳。"《魏风·汾沮洳》："彼汾一方，言其采桑。"《十亩之间》："十亩之间兮，桑者闲闲兮。"《唐风·

鸲羽》："肃肃鸲行，集于苞桑。"《葛生》："锦衾烂兮。"《秦风·终南》："锦衣狐裘""黻衣绣裳。"《曹风·鸤鸠》："鸤鸠在桑"。《豳风·七月》："女执懿筐，遵彼微行，爰求柔桑。""蚕月条桑"。《东山》："烝在桑野"。《小雅·黄鸟》："黄鸟，黄鸟，无集于桑。"《巷伯》："萋兮斐兮，成是贝锦。"《隰桑》："隰桑有阿，其叶有沃。"《白华》："樵彼桑薪。"《大雅·瞻卬》："妇无公事，休其蚕织。"《丝衣》："丝衣其衃。"《召南·羔羊》："羔羊之皮，素丝五紽""羔羊之革，素丝五緎""羔羊之缝，素丝五总"。《召南·何彼秾矣》："其钓维何？维丝伊缗。"

上述所载依序而言，邶在今河南安阳或卫辉市一带；鄘，今河南卫辉市东北；卫今河南淇县、滑县一带；郑，今河南新郑；魏，今山西芮城；唐，今山西翼城；秦，陕西关中地区；曹，今山东定陶西北；豳即邠，今陕西彬县、郇邑一带。《大雅》《小雅》《召南》大致均处于东西周故地。由此可见，在西周春秋时期，黄河中下游地区已普遍栽植桑树，养蚕缫丝。

秦汉时期，蚕桑业是与国计民生关系极为密切的产业。丝织品不仅是皇室及达官贵人等上层社会的衣着原料，更是对外贸易的主要产品。这一时期在黄河、长江两大流域形成了4个中心区域。一是齐鲁地区。《史记·货殖列传》载"齐带山海，膏壤千里，宜桑麻，人民多文彩布帛鱼盐""邹、鲁滨洙、泗……颇有桑树之业""沂、泗水以北，宜五谷桑麻六畜""齐鲁千亩桑麻"，说明蚕丝业在齐鲁地区的社会经济生活中占有十分重要地位。二是兖豫地区。《禹贡》载，兖州，"桑土即蚕，是降丘宅土"，"厥贡漆丝，厥篚织文"。豫州，"厥贡漆枲絺纻，厥篚织纩"。河南襄邑（今睢县）是当时织锦的主要产地，西汉时置有服官。锦是用不同色彩的丝线交织而成的高级织物。还有一处为卫国旧地，大概为今河南濮阳一带。《左传》哀公二十五年卫国曾爆发"三匠"起义（即织、染、缝三匠），声势浩大，亦见其丝织业规模不会很小。《诗·卫风·氓》有"抱布贸丝"句，证明卫国已有了丝的贸易。三是楚国旧地。楚国的蚕桑丝织业起源可能较晚，但后来居上。《管子·小匡篇》载，楚国"贡丝于周室"，说明楚有质地优良丝的生产。1972年长沙马王堆出土的丝织品中，一件素纱襌衣，薄如蝉翼，轻柔明光，才49克重，堪称奇迹。1982年湖北江陵马山一号楚墓，出土大批丝织品，35件衣物，分属绢、绨、纱、罗、绮、绦、偏诸、锦八类，品种繁多，工艺精湛。可见战国秦汉时期，长江中下游的楚地，已成为长江流域蚕丝业的一大中心。四是四川盆地。此地蚕桑业起源较早。至秦汉时期当地著名的丝织品是锦。扬雄《蜀都赋》云："若挥锦布绣，望芒兮无幅。尔乃其人，自造奇锦。"谯周《益州记》云："锦城在益州南笮桥东流江南岸，蜀时故锦官也，其处号锦里，城塘犹在。"成都别称锦城也来源于此。

魏晋南北朝时期，蚕桑丝织业其生产规模和布局有了进一步发展。东汉末年开始，全国以绢、锦为对象按户抽调，即户调。《三国志·魏书·武帝纪》建安九年下令"其收田租亩四升，户出绢三匹，锦二斤而已"。西晋时户调"丁男之户，岁输绢三匹，锦三斤"。北魏太和年间规定户调各随其土所出。其司、冀、雍、华、定、相、秦、洛、豫、怀、兖、陕、徐、青、齐、济、南豫、东兖、东徐十九州贡锦绢及丝。这十九州正是黄河中下游地区。战国秦汉以来蚕桑业主要分布于黄河、长江两大流域，到魏晋时期，由于人口迁徙，使得各地经济文化相互交流。《晋书·慕容宝载记》："先是辽川无桑，及魔通于晋，求种江南，平州桑悉由吴来。"时慕容魔占据辽东，与黄河流域的石勒政权为敌，而与东晋政权关系良好，故由海路从江东输入桑种。史念海先生指出《晋书·刘曜载记》记述甘肃临洮县境有桑城，可能与桑树有关。此说如能成立，则至东晋十六国时蚕桑业的地域分布东北已达辽河流域，西面拓至陇山以西。

唐宋时期，蚕桑丝织业在地域分布上无显著变化。唐代主要分布在黄河下游（河南、河北、山东）、四川盆地、太湖流域和钱塘江流域三大地区。其他如关中盆地东部、山西西南部、长江中游、浙西地区尚有零星府州生产，但远不及上述三大地区普遍和集中。唐代丝织品中高档产品属绫、锦、罗等。据《元和郡县志》《新唐书·地理志》记载，绫的主要产地为蔡州（今河南汝南）、兖州（今山东兖州）、定州（今河北定县）、江陵（今湖北江陵）、扬州（今江苏扬州）、润州（今江苏镇江）、杭州（今浙江杭州）、越州（今浙江绍兴）八州。另一高档锦产地分别是四川成都和江苏扬州。据《宋会要辑稿》食货64之1～9匹帛记载，宋代纳租税的丝织品有罗、绫、绝、绡、䌷、丝、绵七种。从地域分布看宋与唐代并无二致，仍然是河北、河南、山东等黄河下游平原和四川盆地、太湖流域和钱塘江流域。

明清时期，育蚕缫丝在长江三角洲地区极为普遍。蚕桑业当以湖州最盛，明王士性《广志绎》卷四载"浙十一郡，惟湖最富，盖嘉湖泽国，商贾舟航易通各省，而湖多一蚕，是每年有两秋也""湖州所产故丝绵之多之精甲天下"。徐献忠《吴兴掌故集》卷汇载："蚕桑之利，莫盛于湖。"湖丝闻名天下，境内南浔、双林、菱湖、练市以及与之交界的乌青等镇均成为湖丝重要的集散地，此时的长江三角洲地区蚕丝织造业迅速兴起，已独占天下鳌头，使得黄河流域的蚕桑丝织业已难以望其项背。

2　养蚕技术集成

蚕业作为中国古代重要的经济活动，在长期的生产实践中，人们不断探索提高饲养技术，以保证养蚕有好的收成[3]。

家蚕各个发育阶段所需生态条件标准，史料和相关农书均有记载。公元前3世纪，荀卿《蚕赋》中提到蚕对环境要求："夏生而恶暑，喜温而恶雨。"到公元前2世纪，古人开始有意识提高温度来促进蚕的生长发育。公元前 1 世纪仲长统在《昌言》中明确提出"寒而饿之则引日多，温而饱之则引日少"的规律性。公元前 4 世纪，对蚕的温湿度和饲养已很讲究，杨泉《蚕赋》中说："温室既调，蚕母入处，陈布说种，柔和得所，……爰求柔桑，切若细缕，起止得时，燥湿是俟。"同时发现将鲜茧用盐渍后埋藏在阴凉处，可以抑制蛹的发育，延迟羽化时日。公元前 6 世纪贾思勰的《齐民要术》中提到多化性卵在低温下抑制，可以延迟孵化时间，从而增加一年内的饲育次数[4]。12 世纪的宋代，对蚕在食桑叶中的加温方法已非常讲究，陈旉《农书》载"蚕既铺叶喂矣，待其循叶而上，乃始进火，若才铺叶，蚕犹在叶下，未能循授叶而上而进火，即下为类糵所蒸，上为叶蔽，遂有熟蒸之患"，"铺叶然后进火，每每如此，则蚕无伤火之患"。《齐民要术·种桑柘篇》载有在蚕室四角置火加温来调节蚕室温度的办法。"火若在一处，则冷热不均"，"数人候着，热则去火"。金末元初《士农必用》中提出：幼蚕时蚕室要暖些，因天气尚冷；而到大眠之后，就必须凉些，因天气已热了。《务本新书》载："风雨昼夜总须以身体测度凉暖。"养蚕的人只穿单衣，以自己身体做比较："若自己觉寒，其蚕必寒，便添火；若自己觉热，其蚕必热，酌量去火。"通常情况下，令人体感觉舒适的环境温度和蚕所需的生活温度大致相近，以人体的冷热感觉来调节蚕室温度，基本合理。《王祯农书》中对幼蚕期蚕室生火，体测冷热，一眠后卷窗帘通风，夏日在蚕室门口置水瓮生凉气等，都有详尽记载。

对家蚕营养生理的相关认知。公元前 9 世纪，《礼祭》"祭义"载："风戾以食之。"表明古人养蚕为了用新鲜的桑叶，多在早晨露水未干时去采摘，待叶面水分干燥后饲蚕。公元前 7 世纪，《分门琐碎录》载："鸡脚桑叶华而薄，得茧薄而丝少；白桑叶大如掌而厚，得茧厚而坚，然每倍常。"11 世纪的《秦观·蚕书》中详细记载了蚕不同发育阶段的给桑次数和切叶的大小。在13世纪出现的众多蚕书中,对蚕食性的研究特别细微深入。《农桑辑要》载:"蛾(蚁)生既齐,取新叶用极快利刀切极细,用筛子筛于箔薜纸上,务要匀薄。"《务本新书》载:"蚕必昼夜饲,若顿数多者,蚕必疾老,少者迟老。"说明多回薄饲法使蚕能及时摄取必要的营养。用营养调节蚕的发育整齐度。《士农必用》载:"或有不齐,频饲以督基后者,使之相及而齐取齐也。"同时也积累了观察蚕的体态确定其食欲强弱的经验,《农桑辑要》引《蚕经》记载云:"白光向食,青光厚饲,皮皱为饥,黄光以断住食。"蚕的五龄期为成丝时期,饱食更为重要。《农桑辑要》载:"大眠起后,食叶愈速,上叶宜愈勤,食尽及上。能一昼夜食叶十余次,则五昼即老矣。"19世纪,沈清渠的《广蚕桑说》载:"大眠后,此时多食一口叶,则上山后多吐一口丝。"总结出大蚕期食桑多少与吐丝关系。《分门锁碎录》载:"以甘草水洒于桑叶,次末粉掺之,候干令食,谓云斋蚕,可以度一日夜。憔慎人惊,成茧必厚而坚。"在缺少桑叶的情况下,可以用这种营养添食的方法弥补。

蚕老熟上蔟吐丝结茧对温度有一定的要求。《齐民要术》载"老时值雨者,则坏茧",上蔟时,在蔟下"微生炭以暖之,得暖则作速,伤寒则作迟","郁浥则难缫","遇天寒则全不作茧"。蚕在吐丝时,温度不低于21℃,以24℃为宜。在过低温度下,蚕就停止吐丝或吐丝不尽。蔟中加温还有排湿的作用,使吐出的丝缕随吐随干,缫丝时丝胶容易溶解,解舒良好。这些现代科学阐明的理论,古人凭其经验而予以理解。

古代蚕农积累了丰富的防治蚕病经验,采取卫生措施、药物添食以及隔离蚕病等办法,防治蚕病的发生和蔓延。

东汉崔寔《四民月令》载:"三月清明节,令蚕妾治蚕室,涂隙穴,具槌箔笼。"即养蚕前必须修整和打扫蚕室蚕具。古代蚕农还发明用烟熏的方法进行蚕室消毒。这些养蚕前的卫生及消毒，无疑对预防蚕的病虫害起到积极作用。15 世纪，开始用药物老碱和石灰消毒蚕具。在整个养蚕过程里，及时清除蚕沙（蚕粪），不断对蚕具消毒。金元时期《农桑要旨》载："蚕座底箔须铺二领，蚕蚁生后，每日出卷出一领晒至日斜，复布于蚕箔底，明日又将底箔搬出曝晒如前。"这样反复替换，利用日光消毒蚕具，既经济又实用。药物添食防治蚕病已有八百多年历史，《士农必用》载："以快要落叶的桑叶，捣磨成面，能消蚕热病。"其后的《养余月令》和《养蚕秘诀》还记载了将"甘草水""大蒜汁""烧酒"等喷洒在桑叶上喂蚕，来防治各种蚕病，并针对不同的蚕病，提出不同的治病药方。自明代后，对某些传染性蚕病，如脓病、软化病、僵病等，摸索出采取淘汰或隔离的措施，来防治其病害的蔓延。

家蚕蝇蛆病是我国养蚕史上的主要病害之一。蝇蛆病是蛆蝇寄生的结果，蝇，古称"蠁虫"。两千年前，《尔雅》载："国狢虫蠁。"晋代郭璞《注》称："今呼蛹虫为蠁。"即虫寄生在蛹体上。南宋末陆佃著《埤雅》载："蠁，旧说蝇于蚕身乳子，既茧化而成蛆，俗称蠁子，入土为蝇。"元代《农桑辑要》在"夏秋蚕法"条下引《士农必用》称："今时养热蚕，以纸糊窗，以避飞蝇，或用荻帘，当窗系定，遮蔽飞蝇。"明清时期，皇甫汸《解颐新语》载："今之养蚕者，苍蝇亦寄卵于蚕之身，久则其卵化为蝇，穴茧而出。"清代，同治年间，沈秉成《蚕桑辑要》载："原蚕即夏蚕，又名二蚕……二十二日即老，最忌大苍蝇。"对多化性蚕蛆蝇及其危害，赵敬如的《蚕桑说》描述最为详细："有一种大麻蝇，虽不食蚕，为害最盛。此麻蝇与寻常麻蝇不同，身翅白色，遍体黑毛，两翅阔张，颇形凶恶之状。其性颇灵，其飞甚疾。每至飞摇不定，不轻栖止，即偶栖止，见影即飞，甚不易捉获。其来时在蚕略栖即下一白卵，形细如虮。二日，下卵之处变黑色，其蛆已入蚕身，在皮内丝料处，专食蚕肉。六七日，蛆老，口有两黑牙，钳手微痛。蚕因不伤丝料，仍可作茧。蛆老借两黑牙啮茧而出，仍为白色大麻蝇。蛀茧丝不堪缫。"邹树文在《中国昆虫学史》一书中指出："赵敬如《蚕桑说》中对蚕蛆蝇的细致观察和描述，可能是接受了西方现代的科学方法。这也进一步印证了我国古籍中关于家蚕蝇蛆病害的记载基本上是正确的。"

3　养蚕文化植入

中国古代先民在养蚕生产实践中，不仅积累了丰富的科学技术知识，同时将蚕的形象移植和充实到社会生活的各个层面。在漫长的历史进程中，伴随着养蚕业的发展，形成了独具风格的蚕文化[6]。其中有神话传说、文化艺术、蚕俗民风。

中国古代在创造文字前，靠神话传说传播文化。历史上"伏羲化蚕"的传说给蚕增添了几分神秘。最明确记载这一神话的是《皇图要览》，有"伏羲化蚕，西陵氏始蚕"的说法。以后各朝各代的史书、农书都有引用。关于养蚕最经典且流传范围最广的传说当属"嫘祖始蚕"之说。《通鉴纲目外记》载："西陵氏之女嫘祖，为皇帝元妃，始教民育蚕，治丝茧以供衣服，而天下无皴瘃之患，后世祀为先蚕。"如果说"嫘祖始蚕"的传说符合"神"的形象，那么流传于江南蚕区的"马头娘"的传说，则似乎更接近于"仙"的味道。"马头娘"的故事最早见于《山海经》，定型于晋代干宝的《搜神记》，根据蚕的头胸部与马头略似这一点，编造了蚕由马变来的故事。在以后的年代里，古人把蚕与马的关系紧紧地联系在一起，养蚕前祀求"马头娘"赐予好的收成。马头娘的形象是一个披着马皮的马头女子，古人认为蚕与马是同一血统，马病还要用蚕来医治等。

历经数千年的沉淀，养蚕业造福桑梓，不仅为人类社会的物质文明做出巨大贡献，更是为哺育人类的精神生活提供了丰富营养。在这个过程中，以诗词歌赋为代表的文学作品历久弥新、独树一帜。也许，养蚕业的丰富内涵特别富有诗情话韵，最适合于诗词歌赋的表达。李奕仁先生主编的《神州丝路行》吟咏篇中收集歌咏蚕桑的诗句就多达 1843 篇（首）。其中《诗经》24 篇，《楚辞》《乐府诗集》《昭明文选》《玉台新咏》共 175 篇，唐代诗词 375 首，宋代诗词 762 首（南宋 461 首、北宋 301 首），元代诗词 118 首，明代诗词 72 首，清代诗歌 317 首[7]。当然，最早表现蚕桑的诗篇当属成书于公元前 500 多年的《诗经》，其中《豳风·七月》成为世人领略诗歌鼻祖蚕歌风韵的典范。《陌上桑》是与《孔雀东南飞》齐名的汉乐府诗歌中的优秀作品，也是我国叙事诗的杰出代表。诗文采飞扬，酣畅淋漓，字里行间蕴含着幽默俏皮的情韵，千百年来传诵不绝。此后以蚕丝为主题的乐府杰作层出不穷。如南北朝的《采桑度》，唐代白居易的《缭绫》《红线毯》，宋词里面的《九张机》等，都以桑、蚕、丝为素材，或吟诵，或抒怀，或鞭挞，或隐喻，无不表达了作者对养蚕业的仰慕之情，对社会现实的郁愤等情怀。

以养蚕为内容，祈求好收成的一种精神寄托形式，世代相传。祭祀，科学不发达的古代，养蚕发病是不可思议的，为求好收成，通过祭祀，期盼从专管养蚕的神灵那里得到帮助。公元前 1000 多年的殷代，人们养蚕前会向"蚕示"祈求好的收成。禁忌，在养蚕期间，禁止非家人来访。政府人员也不在养蚕期间去蚕户家收税。蚕家还用红纸写"育蚕"或"蚕月知礼"的字条贴在门上。老鼠夜间偷食蚕，蚕户则到集市上买几头泥塑猫，小心塞进养蚕屋的角落里，或用红纸剪成猫形，贴在蚕匾里，认为这样可以防治鼠害。其实这样并不起什么作用，防不了老鼠，而泥塑和剪纸则成为流传在民间的珍贵艺术。祝愿，浙江省诸暨市当女儿出嫁时，一定要取一张蚕种陪嫁，相传公元前 5 世纪，西施出嫁吴国，与她相好的 12 个姑娘相送，西施取头上插的绢花分插在 12 个姑娘的头发间，并唱道："十二位姑娘十二朵花，十二分蚕花到农家。"希望这些姑娘家以后养蚕有十二分的好收成。湖南省溆浦县民间的"蚕灯舞"在当地享有盛誉[8]。传说明正德年间的一个仲夏，茂盛的庄稼遭到害虫的危害，于是几位老者去祈求神灵庇佑。事后翌日清晨天阴沉沉的，突然一阵狂风，刮来一群昆虫飘落在受虫灾的庄稼上，三天三夜后，害虫全部死光，人们细致一看，原来是蚕吐丝卷死了害虫，蚕也因丝尽死亡。当地人为纪念"神蚕"决定把蚕的形象做成灯，取名"蚕灯"，每逢新春佳节举行蚕灯舞会，祈福新的一年丰收。

参考文献

[1] 鲁兴萌. 养蚕业分布与影响因素[J]. 蚕桑通报，2010（3）：1-5.

[2] 邹逸麟. 有关我国蚕桑业的几个历史地理问题 选堂文史论苑[M]. 上海：上海古籍出版社，1994.

[3] 蒋猷龙. 中国古代养蚕和文化生活[J]. 浙江丝绸工学院学报，1993（3）：1-6.

[4] 汪子春. 我国古代养蚕技术上的一项重要发明——人工低温催青制取生种[J]. 昆虫学报，1979（1）：53-59.

[5] 汪子春. 中国古代科技成就[M]. 北京：中国青年出版社，1978：382-391.

[6] 金佩华. 中国蚕文化论纲[J]. 蚕桑通报，2007（4）：4-9.

[7] 李奕仁. 神州丝路行[M]. 上海：上海科学技术出版社，2013：404-550.

[8] 张建平，侯奎，严洪泽，等. "春蚕"丝未尽，"蚕灯"有传人[N]. 中国文化报，2013-09-18.

中国古代的养蚕技术

中国是蚕桑业的起源地，植桑养蚕已有数千年的历史。古代先民发明了养蚕技术，并在长久的养蚕生产实践中不断发展和提高。早在殷商时代，养蚕就达到了一定水平，约公元3世纪，随着丝纺业的发展，大量的丝绸和丝纺品经河西走廊，经西亚、中亚输送到古罗马等地[1]。至周代[2]，尚没有专门叙述养蚕的农书遗留下来，只能根据文史资料推测当时的养蚕情况。到宋、元时代，养蚕技术已趋完善，各种专门的养蚕著作和相关农书相继问世，记载了不同时期的养蚕技术。由此，这些养蚕生产技术和经验得以传承和发展。

1 蚕的饲育

养蚕准备内容[3]，元代《农桑辑要》载，有添食材料、垫草、蚕具、蚕室等诸方面。添食用桑叶末、绿豆粉和米粉等，应在上年冬天准备好，至蚕大眠起后拌叶添食，以备弥补缺叶，而绿豆则有解除蚕的热毒之功效。养蚕和上蔟所需之垫草，用茅草、野草和豆萁之类备用。蚕具准备《辑要》中主张要早，"三月清明，令蚕妾具槌椽箔笼"，槌椽为搁蚕用具，箔系蚕箔，笼系盛载桑叶用具。还要收集好补温用的牛粪。对蚕室的方向及其周围环境的布置，《辑要》中均有具体要求，提出"蚕屋北屋为上，南屋西屋次之，大忌东屋"。还提出"蚕屋须要宽快洁净，通风气，映日阳，屋前不宜有大树密阴，南北屋相去宜远，宜安南北窗，大忌西窗"。蚕室的周围环境以及窗户设置论述，是符合科学养蚕要求的。还提出蚕室的准备工作要早，谷雨日就应进行泥补熏干，搭好蚕架，并主张在蚕室内围一小间，供暖种和养小蚕之用，到蚕二眠拆去；窗上糊卷窗，屋南面先竖好搭棚用柱，到大眠时搭盖。蚕室内设置加温设备"火仓"。一是室内筑壁龛，火放入龛内，令无烟；二是"仓屋当中掘一阬（与坑相同），阔陕深浅，量屋大小"；三是用可以移动的大黄砂缸。二、三种是埋入柴薪的。埋柴薪的后来即称埋薪法，20世纪30年代尚有应用。埋薪法无烟，温度平稳，是一种较好的加温法。

饲育技术，后魏贾思勰的《齐民要术》卷五，种桑柘第四十五附养蚕载"屋欲四面开窗，纸糊，厚为篱。屋内四角著火。火若在一起，则冷热不均。初生以毛扫，用荻扫则伤蚕。调火令冷热得所，热则焦燥，冷则长迟。比之再眠，常须三箔，中箔上安蚕上下空置，下箔隔土气，上箔防尘埃""每饲蚕卷窗帏、饲讫、还下，蚕见明则食，食多则生长。老时值雨者，则坏茧，宜于屋里簇之"。这段文字记述养蚕方法，如蚕室的布置，用火来调节温度，隔湿防尘的装置，用毛扫蚁不伤小蚕仍是至今还在沿用的收蚁方法，所谓的"蚕见明则食，食多则生长"指照明促其多食快生长。

宋代秦观《蚕书》是一篇不足1000字的专论养蚕的短文，关于育蚕，《蚕书·时食》载："蚕生明日，桑或柘叶，风戾以食之。寸二十分，昼夜五食；九日，不食一日一夜，谓之初眠；又七日再眠如初，即食叶，寸十分，昼夜大食；又七日三眠如再。又七日若五日，不食二日，谓之大眠；食半叶，昼夜八食；又三日继食，乃食全叶，昼夜十食。凡眠以初食，布叶勿掷，掷则蚕惊。勿食二叶。"这段文字虽较简略，但准确记载了蚕的龄期和含量的关系。另外还指出了蚕叶不能湿吃，要晾干，给叶轻掷、勿食剩叶等，这些都是非常合理的。

宋代陈旉的《农书》三卷，下卷专论养蚕，依陈自述为其实践而作，其内容当更为切实，"先治叶实必密凉燥""常收三日叶以备雨湿，则蚕常不食湿叶且不失饥也，外采叶归，必疏爽于叶室中，以待其热气退乃可与食"。此说不失为较科学的给叶方法。在文献记载中，陈旉首先注意到了蚕的健康状况。蚕"最怕湿热及冷风。伤湿即黄肥，伤风即节高，沙蒸即脚肿，伤冷即亮头而白蜕，伤火及焦尾……能避此数患乃善"。

元代司农司《农桑辑要》论及养蚕技术从收蚁至上蔟计有15个专项。对催青收蚁、除沙扩座分箔、给桑、眠起处理、饲养温度、养蚕迟早利弊等问题，都有所论及，以下收录其主要点。一是《辑要》中的"变色"生蚁，相当于现时的催青。出蚁要求齐一。如出蚁不齐，"则其蚕眠起至老，俱不能齐也"。方法是"变灰色已全，以两连相合……第三日晚，取出展箔"。这相当于现时的黑暗抑上。主张用桑收法，称蚁量。二是《辑要》中的给桑回数。收蚁至头眠，第一昼夜49顿（回）或36顿，第二日30顿，第三日20余顿，回数之多；第二龄一昼夜给桑6顿；第三龄一昼夜4顿；第四龄一昼夜3顿。因为当时是三眠蚕，没有第五龄之说。收蚁后桑叶细切，用筛子给桑。给桑量的多少，根据体色变化进行加减。强调蚕的饱食，不足时用初给桑补救，忌食涩叶、垫叶、蔫干叶等。三是除沙、扩座、分箔。扩座于收蚁后第三日开始进行，方法是第一龄分成小棋子大小布在箔中，到眠前分成火棋子大小，二龄分成比小钱略大，布满箔中，大眠后每蚕相隔一指。此处扩座说明，经过拆黐分得很小，分得过于细小，不仅费时，也易伤蚕。除沙主张勤而快，放蚕轻。"蚕沙宜顿除，不除则久而发热，热气熏蒸，后而白僵。每抬之后，箔上蚕宜稀布，稠则强者得食，弱者不得食。……布蚕须要手轻，不得从高掺下。"这里对除沙缘由及要求，说得非常清楚。四是在眠起处理上，要求齐一和适时。认为"一眠，候十分眠，才可住食，至十分起，方可投食，若八、九分起便投食，直到蚕老，决都不齐，又多损失。停眠蚕大眠，蚕欲向眠，若见黄光，便合抬解住食，直候起时，慢慢饲叶"。这里所论及的眠起处理，以头眠为严格，二眠和大眠的处理标准比头眠有所降低。在就眠的给桑处理上，提出"抽饲断眠法"，即根据蚕的就眠成数给桑，"抽减眠蚕之叶，不致覆压，专饲未眠之蚕，使之速眠"。意即会有分批就眠之意，对眠蚕的生理亦有利。五是对养蚕温度主张稳和匀，避免忽高忽低。认为"若寒热不均，后必眠起不齐"，"自蚁初生，相次两眠，蚕屋内正要温暖，蚕母须着单衣，以身体较，若自身觉寒，便添熟火；若自身觉热者，其蚕亦热，酌量去火。……至大眠后，……蚕屋内全要风凉"。说明收蚁后至二眠的小蚕温度宜高，大眠后的大蚕温度亦低。六是对收蚁迟早的利弊论极中肯，主张春蚕收蚁要早。"植蚕之利"论及"植蚕疾老少病，省叶多丝，不惟收却今年蚕，又成就来年蚕"。"晚蚕之害"论及"晚蚕迟老多病，费叶少丝，不惟晚却今年蚕，又损却来年蚕"。环境条件对蚕的不同生长发育阶段的影响，《辑要》中提出，"十体""三光""八宜""三稀""五广"。"寒热、饥饱、稀密、眠起、紧缓"的十体较为原则，却是在蚕的饲养中必须随时体验的十个字。"向光向食，青光候饲，皮皱为饥，黄光以渐住食"的三光，说明每龄蚕的由白而青、由青而黄的变化，是和每龄生长以及食欲大小相联系，而饲蚕时给桑的多少就不能脱离这一明显的表象。八宜是"方眠时宜暗，眠起以后宜暗，蚕大并起时宜明宜凉，向食宜有风，宜加叶紧饲，新起时怕风，宜藻叶慢饲，蚕之所宜，不可不知，仅此者必不成矣"。此处说明光线明暗、温度高低、气流有无、给桑厚薄紧绷等环境条件，必须区别蚕的大小、眠和起时的适宜应用，才能使蚕健康生长。三稀是指收蚁、放蚕、上蔟三者要稀。五广则指劳力、蚕室、蚕箔和蚕蔟要准备充足。

元代王祯《农书》第一次记载了蚕的龄期随地区不同而不同，"北蚕多是三眠，南蚕俱是四眠"，并强调了蚕在各龄期的体色变化："蚕初生则黑，渐渐加食。三日后渐变白，则向食，宜稍加厚。变青则正食，宜益加厚。复变白则停食，谓之正眠。眠起自黄而白，自白而青，自青复白，一眠也。每眠如初，候之以加减食。"对蚕室温度、湿度的调节方法记载详细："初生出至两眠，蚕母须着单衣，以为体测，身体觉寒，便添热炭，自身觉热，蚕亦必热，酌量去火，一眠之后，但天气晴朗，已午之间，暂掀起窗间帘幕以通风日；南风则卷北窗，北风则掩南窗。"

2 蚕种制造

首先要从蔟中选取良茧。《齐民要术》记载："收取蚕种，必取其中蔟者；近上则丝薄，近地则可不多也。"《农桑辑要》记载："凡收种茧种，取蔟之中，向阳厚实者。蛾出第一日者名苗蛾，末后出者名末蛾，皆不可用，次日以后出者取之，铺连于槌箔上，雄雌相配，至薯抛去雄蛾。将母蛾于连上分布，所生之子如环奶堆者，皆不可用。"上述论及注意在蔟中选择良茧，选出茧后平铺至箔上等待出蛾。出蛾后，淘汰拳翅秃眉、焦脚焦尾、熏黄赤肚、无毛黑纹、黑身黑头及先出、末后先者，选择强健蛾，让其相互交配，在交配过程中，有意识地拆对3～5次，目的在于放尿，实际起到多重交配、彻底受精的作用，交配的时间大概在6小时以上，产卵后，只淘汰产卵量特别稀少成环状或产成叠卵的卵圈。每日所产的卵分别记明日期，将来也要分开收蚁饲养。

处理蚕种。《齐民要术》记载："大昕之朝，炎人浴种于川。"秦观《蚕书·种变》记载："腊之日，聚蚕种，沃以牛溲，浴于川，毋伤其藉，乃县之。始雷，卧之五日，色素，六日白，七日蚕。已蚕，尚卧而不伤。"陈旉《农书》记载："凡收蚕种之法，以竹架疏疏垂之……，又擘帛幂之。……待腊月或腊月大雪，即铺蚕种于雪中，令雪压一日，乃复摊之架上，幂之如初至春，候其欲生未生之间，细研砟砂，调温之浴之，次治明密之室……，以糠火温之如春三月，然后置种其中，以无灰白纸借之，斯出齐矣。"《农桑辑要》记载："对蚕种处理，包括浴连、收贮、蚕连、附色及生蛾（蚁）、下蛾（蚁）等。"浴连指蚕卵在连后十八日用"深甜井水浴连，浸去（蚕蛾）便溺毒气"。重挂起，"三伏内再浴"，"冬至腊八日依前浴挂，以及望月，数连一卷，桑皮索索定，庭前立竿高挂以受腊天寒气"。寒冬暴露蚕种还有另外一法，"腊口取蚕种胧挂桑中，任霜露雨雪飘冻，至立春收，谓之天浴。盖蚕蛾生之，有实有亡者。经寒冻后，不复狂生，惟实者生蚕，则强健有成也"。收贮、蚕连是在立春以后将冬浴之连置于净瓮之中，"清明将瓮中所顿蚕连"取出悬挂，待谷雨时开始通风见月。蚕种颜色"清明后种初变，红和肥满。再变，尖圆微低。再变蛾（蚁）阖盘期中，如远山也，此必收之种也。若顶平焦干及苍黄赤色，便不可养，此不收之种也"，蚕种变色已齐，还要置蚕连于无烟净凉房内3日，再取蚕连展着，"蛾（蚁）不出为上。若有先出者，鸡翎扫去不用，名行马蛾（蚁），留则蚕不齐"。下蚁的方法是将蚕连合于细幼的桑叶上，如翻连而蚁仍不下"并连弃了，次残病蛾（蚁）也"。

关于制当年用的蚕种，即现在所谓的不越年种，凡是二化性蚕种用低温催青之后即可制成不越年种。用人工低温催青制取生种，充分反映了我国古代劳动人民的聪明才智。在人工孵化法发明以前，为了在一年里养多批蚕，只能利用天然的多化性蚕来传种。但是多化性蚕所出产的茧丝，无论是数量和质量都远不如二化性蚕。为了能在一年内分批多次养蚕，又能获得较多和较好的蚕丝，我们的祖先在1600多年前，就创造性地采用人工低温催青不断获得不越年化蚕，同时又利用各代不越年化蚕所产的卵，在自然高温下孵化，以获得各代越年化蚕，作为蚕丝生产所主要要养的蚕，这样既解决多次养蚕的蚕种问题，同时又能尽可能地达到较好的蚕丝生产的目的。

3　蚕病认识

人工养蚕最重要的技术措施是控制好温度和湿度，以利蚕儿迅速生长发育，努力控制各种病原生物对蚕体的危害，蚕病对蚕的生长以及茧丝产量、质量都有着非常大的影响，因此一直为古人所重视。从春秋战国时期，直到明清有诸多农书就蚕病的病因、传染途径、防治措施等都有记载[5]。

蚕病的种类很多，主要有僵病、脓病、软化病、硬化病、微粒子病、蝇蛆病等。

古代最早记载的蚕病是由真菌引起的白僵病。成书于公元前2世纪的《神农本草经》中就有白僵蚕的相关记载："白僵蚕，味咸，主小儿惊痫夜啼。"《神农本草经》并不是传说中的神农氏所写，可能为东汉扁鹊门人子仪所作。由此可知在2000多年前已发现此病。白僵病是僵病的一种，由于蚕发病死亡后，体内水分被真菌所吸收而变得僵硬，不腐烂，故而得名。公元前五世纪左右，陶弘景撰《本草经论》记载："人家养蚕时，有合箔皆僵者。"至公元前12世纪，南宋《陈旉农书》记载"有黑、白、红僵"三种僵病。

微粒子病。公元前4、5世纪晋代的民歌集《乐府诗集》卷四十八请商曲辞"采桑度"诗中有"语欢稍养蚕，一头养百箔，奈当黑瘦尽，桑叶常不周。"又有刘宋诗"华山畿"二十五首之一中有"闻欢大养蚕，定得几许丝。所得何足言，奈何黑瘦为。"这两首诗中提到的"黑瘦"即为微粒子病。这种蚕病在世界各养蚕国均有发生。1845—1846年法国、意大利相继流行。1865年法国养蚕业受此病危害，其年产蚕丝由100万千克滑落到500千克。法国著名微生物学家马斯德用5年时间研究，查明本病是一种原虫寄生病，定名为微粒子病，提出了袋蛾采种，用显微镜查母蛾，淘汰病卵的有效防治措施。

由病毒引起的软化病在公元前 3 世纪晋代诗作中有所记载。晋诗·清商曲辞《采桑度》七曲之又一首："伪蚕化作茧，灿烂不成丝，徒劳无所获，养蚕持底为。"唐代《证类本草》引唐人陈藏器语："乌灿死蚕有小毒，……在蔟上乌臭者。"当指由于受病毒感染后，引致病蚕尸体腐烂发臭的软化病。宋代有了脓病的记载。南宁绍兴十九年（1149 年），《陈农书》记载："伤风即节高，沙蒸即脚肿，伤冷即亮头而白皙。"此处的"节高""脚肿"该指血液型软化病或中肠型脓病。明代宋应星《天工开物·易服第六·病症》对脓病做了详细记载："凡蚕将病，则脑上放光，通身黄色，头渐大而尾渐小，并及眠时，游走不眠，食叶又不多者，皆病作也。"

家蚕蝇蛆病是我国养蚕史上的主要病害之一[6]，是蚕蛆蝇寄生的结果，详情在《中国古代养蚕业》篇中已有描述。古代先民对病蚕发生原因仅注重外界环境的诱发，所采取的防病措施只能是通过精细饲养，创造合理的外部条件来增强蚕的体质，提高蚕的抗病能力，并对蚕卵、幼虫、蛾采用弱汰强留的选择方法，确保下代蚕的体质。

一是优化饲育环境。古代先民认为引起蚕发病的环境因素包括：温度、湿度、风、雨、雾、所食桑叶及蚕座湿度等。东汉《春秋·考异邮》记载："蚕阳物，大恶水。帮蚕食而不饮。"《齐民要术·种桑柘》记载："热则焦燥，冷则长迟。"元代《务本新书》记载："蚕初生时忌屋内扫尘，忌煎爆鱼肉。不得将烟火纸燃于蚕屋内吹灭……蚕生至老，大忌烟熏。"金末元初《士农必用》记载："忌当日迎风窗，忌西照日。忌正热着猛风骤寒，忌正寒陡令过热，忌不净洁人入蚕室。蚕室忌近臭秽。"明代《天工开物·乃服第六·养忌》记载："凡蚕畏香，复畏臭。若焚骨灰、淘毛圊者，顺风吹来，多致触死。隔壁煎鲍鱼、宿脂，亦或触死。灶烧煤炭，炉沉、檀，亦触死。懒妇便器摇动气侵，亦有损伤。若风则偏忌西南，西南风太劲，则有合箔皆僵者。凡臭气触来，急烧残桑叶，烟以抵之。"清初张履祥《补农书·蚕务》记载："饥则首亮，……热则体焦，……食湿叶则溃死，食湿热叶则僵死，食雾露叶则萎死。"

二是留强去弱。元代《务本新书》记载："养蚕之法，种茧为先……其母病则子病。"当母蛾产卵时，首先对卵圈"如环、成堆者，其蛾与子皆不用"。明代《天工开物·乃服第六·病症》记载："食叶不多者，皆病作也。急择而去之，勿使败群。"清代《广蚕原说辑补校校订》记载："脚下有白水者，宜急去之，勿使染及他蚕。"由于蚕的发病先兆往往通过各龄蚕的眠起不齐的现象显露出来，所以必须严格分批处理，保护健康蚕，淘汰发育落后的虚弱之蚕。清代《湖蚕述》记载："眠头身体坚实，向明照之，色深绿者，为无病。疲软红黄则病矣。……捉眠头时，叶颣干燥，少矢坚实者无病，沙颣潮润，沙矢污手则病矣。……起娘初脱，昂首张尾，色如羊脂为无病，头蚕尾敛，身黄如陈仓米色，俗谓著黄草布衫，放叶后即尾流清水矣。……大眠后，当拣取整齐强健之蚕，日以头叶饲之，蚕无病，种方无病。"

三是严格养蚕环境消毒。用石灰粉、烧酒等对蚕室蚕具及蚕座等清洁消毒。《湖蚕述》记载："凡病湿白肚（指脓病），用石灰末匀筛一层于筐，俟蚕行起，以叶饲之，再用石灰化水遍洒叶上，令蚕食之，病者即死，不致遗染。"《养蚕秘诀》记载："其治高节出水者，空筐中预筛石灰一薄层，以蚕替下，稍停片时，用饲以叶，后用石灰水洒叶上食之，病者即死，不致传染。"将新鲜石灰水洒于蚕座上，对蚕病起消毒作用，又可隔离病蚕，使蚕座干燥，抑制病菌的繁殖。

参考文献

[1] 马纲. 我国古代养蚕技术初探[J]. 天水师专学报，1991（1）：84 -
     88.

[2] 浙江大学. 中国蚕业史[M]. 上海：上海人民出版社，2010：48 -
     112.

[3] 章步青. 试论《农桑辑要》中的养蚕技术[J]. 蚕业科学，1986（3）：
     171 - 174.

[4] 汪子春. 我国古代养蚕技术上的一项重要发明——人工低温催青制取
     生种[J]. 昆虫学报，1979（1）：53 - 59.

[5] 金琳. 中国古代对蚕病症状与防治的记述[J]. 蚕桑通报，2001（2）：
     7 - 9.

[6] 雷国新. 中国古代的养蚕业[J]. 蚕丝科技，2015（3）：29 - 33.

[7] 周匡明. 中国蚕业史话[M]. 上海：上海科技出版社，200：197 -
     199.

《蚕赋》三篇辨释

在现代汉语词典中，"赋"，释为我国古代文体，盛行于汉魏六朝，是韵文和散文的综合体，通常用来写景叙事，或抒情说理[1]。简言之，"赋"就是属于古代文理简明的一种文章体裁[2]。在中国文学史上，有名的三篇《蚕赋》分别是由先秦荀子、西晋扬泉和唐代陆龟蒙所创作[3]。

1 先秦荀子的《蚕赋》

荀子"蚕赋"通篇 169 字，可分为三个部分。原文："有物于此，儵儵兮其状，屡化如神，功被天下，为万世文。礼乐以成，贵贱以分。养老长幼，待之而后存。名号不美，与暴为邻。功立而身废，事成而家败。弃其耆老，收其后世，人属所利，飞鸟所害。臣愚而不识，请占之五泰。五泰占之曰：此夫身女好而头马首者与？屡化而不寿者与？善壮而拙老者与？有父母而无牝牡者与？冬伏而夏游，食桑而吐丝，前乱而后治，夏生而恶暑，喜湿而恶雨。蛹以为母，蛾以为父。三俯三起，事乃大已。夫是之谓蚕理。蚕。"

第一部分，从"有物于此"至"飞鸟所害"。此为诗韵式语，以四字体为主。开头的物，暗指"蚕"，这是写廋辞的特点，即开篇不便点明。儵儵，形容无毛羽无鳞甲，光秃秃。屡化，经过几次变化。功被天下，为万世文。指蚕有被覆和衣着天下民众之功，而且可作为万世衣冠的文饰。与暴为邻，皆因"蚕"和"残"音近，"残"有"残暴"一词，故说"名号不美，与暴为邻"。耆老，指蛾。后世，指蛾所产的卵。将这段原文意译为：有这么一种东西，光秃秃无羽毛无鳞甲，经过几次羽化竟神奇般地出现，有被覆衣着天下民众的功德，为万世衣冠华丽的文饰。人间礼乐以其而成，服装贵贱以其而分。幼长老熟循序渐进，后代运化等待而生。名声说出来不太好听，汉文谐音与暴字为邻，功名立就而身体报废，事业成功而自家败毁。产卵之蛾被人抛弃，所生后代为人收留。奉献之丝为人类所用，身家性命被飞鸟侵害。

第二部分，从"臣愚而不识"至"事乃大已"。这部分为疑问式语，是廋辞谜语的主体，所以采用了疑问式的方式对第一部分作回答。在这一部分中，占，解答谜语。五泰，是神巫的名字。泰本是《易》卦名，序卦："履而泰，然后安；……泰者，通也。"与，古汉语助词，表示疑问。女好，意为柔婉。头马首，头像马头。善壮而拙老，指壮龄得到优厚的饲养条件，年老就倒霉了。俯，指蚕眠。原文意译为：我生得愚钝无知，猜不出来，让我们请求神巫五泰解答此谜。五泰回答说，这东西不就是身体柔婉而头像马头的吗？经过几次变化而寿命不太长的吗？壮龄得到优养而老年结局很糟的吗？有父母而无雌雄的吗？冬季休眠而夏天游走活动，食桑叶而吐丝，开始吐得很乱后来很有条理。夏天虽能生长但害怕恶暑高温，生长时需要一定湿度但害怕大雨多湿。以蛹为母，以蛾为父。经过三眠三起，才能吐丝结茧大功告成。

第三部分行文比较简单，以诗韵式语，揭开谜底。原文为："夫是之谓蚕理。蚕。"将其意译为：这就是蚕的道理，所以叫蚕。

荀子（公元前313—前238年），名况，字卿，战国时期赵国猗氏（今山西新绛）人，是战国末思想家、教育家，与孔子、孟子齐名为先秦儒学三大家之一。范文澜先生在《中国通史简编》第一编里叙述，《春秋》记载的鲁国242年历史里面，列国间军事行动有483次，朝聘盟会450次，总计933次。军事行动和朝聘盟会，都是大国对小国进行剥削掠夺，而小国则怕大国无厌的诛求，更怕残暴的讨伐，因此只得向大国朝聘珍贵的麋鹿皮、虎豹皮、丝织物、马匹、玉石等贡品。东周列国朝聘，宾主多赋诗言志，以表达其意旨。列国之间有时用廋辞来测验对方君臣的智力，所谓廋辞就是记载各种谜语的隐书，亦可理解为"谜语"的古称。春秋时期较为盛行。荀子用赋的声调写廋辞，作《礼》《知》《云》《蚕》《针》五赋，其含义是一些儒家常谈，内容上含有一些科技知识，体裁别致，却是为政治服务的[4]。先秦儒学三大家中孔子重"仁"，孟子重"义"，而荀子则重"礼"，即重视社会上人们行为的规范。公元前 255 年开始，荀子两任兰陵（今山东苍山县兰陵镇）县令，时间跨度长达近 20 年，而古之兰陵又是养蚕丝织兴盛之地，有道是一方水土养一方人，所以身为该县县令的荀子创作出体察入微而又富有哲理，文神兼备而又诙谐幽默的《蚕赋》也在情理之中。

荀子在《蚕赋》中论及家蚕的变态、眠性、化性、生殖、性别、食性、生态、结茧、缫丝和制种等十大生物学领域，开创了我国上古时期蚕桑生产技术科学认知的里程碑[5]。纵观这篇短赋，用专业科学的眼光去审视，也觉得颇有意思。"身女好而头马首"，刻画出了蚕的外部形态，从蚕生理学、解剖学角度划分的头胸部，其斑纹和形状细致观察是有些像马头。《蚕赋》中描述蚕对温室环境的要求和在成长发育中对环境的适应能力相当准确。"夏生而恶暑，善湿而恶雨"，简明准确地把蚕生长发育所需的生理要求——温度和湿度刻画清晰，在 2300 年前就有了这样的基本科学概念，其意义重大深远。直到现代，在养蚕科学技术上也仍然是这样一个概念：即在消毒防病的前提下，必须严格掌控好适宜的温湿度。一般来说，1～2 龄 26℃～27℃；3 龄 24℃～25℃；4～5 龄 23℃～24℃。但这时恰逢初夏来临，气温在徐徐上升，有时在 5 龄和营茧期龄遇到初夏突然而至的 30℃

左右的高温袭击，而 5 龄壮蚕不喜欢这样的高温，用现代科学知识来解释，那就是会影响到蚕体内正常的新陈代谢；同时，高温又为蚕病病菌的滋生和繁殖创造了有利条件，使蚕容易感染病菌。荀子把蚕在生长发育过程中的这一生理要求，概括为"夏生而恶暑"，说明他具有较为丰富的养蚕实践经验。在蚕的饲养过程中，保持一定湿度是相当重要的，只有把控好相对湿度，桑叶才能保持一定时间的新鲜度。蚕爱吃新鲜桑叶，故养蚕环境相对湿度低时要适当补湿。但遇阴雨连绵，日照不足，桑叶就会因水分过多而营养价值变差。空气湿度饱和蚕体内因积累水分过多散发困难而易引起蚕体虚弱，引发蚕病。"冬伏而夏游""三俯三起"，从遗传和化性角度，描写出桑蚕冬季休眠、春夏生长的规律，并明确告知人们，春秋战国时期饲养的是三眠蚕，经过三眠三起便老熟结茧，为桑蚕的育种学提供了翔实的史料。

　　荀子在《蚕赋》中提出了蚕儿也有性别的假说。蚕蛾（成虫）有雌雄，这是显而易见的，而蚕的幼虫期有无雌雄之分呢？这是自古以来养蚕家们一直不理解的一个谜，人们从外形特征上长期以来产生这样的错觉，那就是光溜白净的蚕身上哪来的雌雄之分呢？性别之分应该是变蛾以后才出现的吧？而荀子提出了蚕也有性别之分的假说："善壮而拙老者与？有父母而无牝牡者与？"其意是健壮的蚕是靠精心饲养得来，难道瘦弱的蚕在精心饲养下就养不好吗？蚕蛾（父母）既能交配产卵（子），难道蚕的幼虫期就没有雌雄之分吗？在我国科技史上，荀子是第一个提出"蚕的幼虫期有性别之分"的假说之人。事实也是如此，幼虫期的蚕确有雌雄性别之分，不过这个科学的结论不是荀子提出假说后接着就有人加以证实的，而是存疑了 2000 多年，直到 20 世纪初，才有学者发现和证实——幼虫期的蚕有雌雄性腺之分，他们把各自所发现的蚕的雌雄性腺分别定名为"石渡生殖腺"和"赫氏生殖腺"。

荀子在《蚕赋》中，从哲理的角度把蚕的生理现象拟人化[5]。他说：蚕，音同残暴的"残"，所以它"名号不美"，"与暴为邻"。但是，蚕儿的品德，却高尚美好：蚕宝宝吃了桑叶，就吐丝作茧，人们利用它的茧子制作丝绸，做成裳服，衣冠楚楚。蚕宝宝吐完丝作成茧，就化为蛹，蛹又变成蛾。待蛾交尾产卵，人们便丢弃了将死的蛾子，把卵收藏起来，明年再养，这就是荀子形容的"功立而身废，事成而家败。弃其耆老，收其后世"。所以，蚕的一生，是牺牲自己而造福人类的一生。称颂蚕的美德，颂扬它默默无闻地把自己的一切献给了人类，正是以此借喻嘲讽了春秋战国年代那些满口仁义道德，实际上却视生命如草芥的无恶不作的奴隶主，却食必粱肉，不必文采、履丝曳缟的大小奴隶主，十足是一撮寄生虫。

荀子《蚕赋》篇呈现劝勉的政教功用[6]。《蚕赋》虽然是咏物赋，但目的都在"主文而谲谏"，是以道德教化为主的"文道合一"[7]，希望通过对蚕的具体事物的叙述，将抽象而难以诉诸感官的"理"（礼、知），通过想象、比喻、拟人、对比等修辞方式，用具体而又可以感知的"象"（蚕）描绘出来，"体物写志"，以达到礼乐教化的目的。在《蚕赋》中，荀子以"隐语"猜谜的方式告诫人们要像蚕一样"功被天下，为万世文"，要"养老长幼"，极尽仁人之能事。

2 西晋杨泉的《蚕赋》

杨泉的《蚕赋》无论是写作格局还是取材都与荀子的《蚕赋》大相径庭，有着明显的不同。全赋仅120多字，简明扼要地述说了养蚕全过程中几个重要环节，全文深入浅出，给后人了解晋初养蚕生产技术留下了可贵的历史资料。

《蚕赋》原文："温室既调，蚕母入处，陈布说种，柔和得所，晞用清明，浴用谷雨，爰求柔桑，切若细缕，起止得时，燥湿是俟，逍遥偃仰，进止自如，仰似龙腾，伏似虎跌，圆身方腹，列足双俱，昏明相椎，日时不居，奥台役夫，筑室于房，于房伊何，在庭之东，东受日景，西望余阳，既酌以酒，又挹以浆，壶餐在侧，脯脩在旁，我邻我党，我助我康，于是乎蚕事毕矣。"

此处将《蚕赋》原文意译如下：在养蚕前，首先要把蚕室温度调好，然后蚕母（指有经验的人）把蚕种拿进蚕室，在适宜的温湿度保护下进行暖种，促使蚕卵顺利发育，求得乌蚁（蚁蚕）孵化齐一的目的。那时正是清明过后、谷雨来临的时刻。常言道，谷雨三朝蚕白头，通常此时天气暖和、雨水充沛，采摘那些柔嫩的桑叶，叠放在案板上，切成一条条丝状来喂养。喂叶要定时，给桑量也要有分寸，并且要掌握好桑叶的干湿程度，桑叶太干对蚕的正常消化有碍，若是用湿叶喂养则蚕容易得病。通常当蚕儿吃完桑叶后，举动活泼，正如"赋"中所形容的"逍遥偃仰，进止自如"，则表明蚕体态健壮。到大蚕时，望蚕座中常见5龄壮蚕前胸仰起，蚕食叶时犹如蛟龙般体态矫健，而一旦就眠却又像伏虎似的抬起前半身静止不动，这些都是蚕体健壮的象征。"赋"中特别指出，外界环境与家蚕生长发育的关系非常密切。文中道："昏明相椎，日时不居。"这是说蚕室的光线要明暗均匀，若有阳光直射，蚕就会在蚕座内分布不均，引起发育不齐，自然桑叶也容易脱水枯萎凋落，所以作为蚕室的房舍一定要考虑坐辰方向。怎样才合理呢？应该是"在庭之东，东受日景，西望余阳"，也就是说，要把蚕室安排在庭院的东首，开东窗能看到早晨的阳光，开西窗则可见夕阳西下。在养蚕大忙季节，男人忙于采桑，吃喝无定时，妇女则是日夜在蚕室里操劳相守，即使酒肴有备，也不敢有怠浅尝一口。全家老小专注于为养好蚕奔忙，怎敢有半点马虎？总之，既要靠全家上下齐心合力，也得靠邻里互相帮助，这样才能把蚕养好。

杨泉，字德渊，他的郡望（老家）是梁国（今河南省商丘市南），后来可能是由于汉末黄巾起义时豫州（梁国在豫州境内）发生兵乱，使得杨氏一族由梁国徙居会稽，据有关资料推算西晋太康元年（280年）灭吴以前，他已经居于会稽。此后，会稽相朱则上书晋武帝推荐本国处士杨泉，称"杨泉为政清操发于自然，征聘终不移心"。杨泉于太康末，惠帝即位初，即290年左右，被征入洛，但未就其职（征为待中，不就），仍为"处士""征士"，隐居从事著述。所著书有《物理论》十六卷，《大元经》十四卷，可惜都已亡佚。唐代马总所编的《意林》一书中，曾保留了《物理论》的片段，清代孙星衍辑集成《物理论》一卷，《蚕赋》就是其中的一个篇章。有学者考证，杨泉所著《蚕赋》，是入洛后写成的，同一时期还著有《请辞》和《织机赋》。《请辞》议论的是墓祭之礼；《织机赋》描写官办丝织场所"名匠聘工""织女杨翠"的繁忙场面；而《蚕赋》说的是仲春二月吉日皇后"亲桑于北宫"之礼。皇后亲桑，始于周朝，《周礼》规定"蚕于北郊"。魏文帝黄初七年（226年）正月，也是"蚕于北郊"。西晋武帝太康六年（285年）以后恢复施行亲蚕礼仪，《晋书·武帝纪》载太康九年（288年）三月丁丑，"皇后亲蚕于西郊"，可能与新建金墉城北至芒山下，宫城北郊不宜设坛有关。

作为养蚕业内人士，细读杨泉《蚕赋》，感到在他的笔下，养蚕技术过程都十分详细，诸如：从保温孵化到饲养，都要关注桑叶的干湿程度以及养好蚕必须注意蚕室、蚕座的采光是否良好等因素都描述得相当得体。但杨泉写成这段文字的过程，似乎并非为传统养蚕技术而作，因为若作为养蚕生产流程全过程的描述，那应该是从"选种、留种、洗浴防病"等各项措施开始，然后论及"催青保温、饲养中控温控湿，关注采光通风"，而在杨泉的这段文字中却太过跳跃。《蚕赋》之所以呈现出叙述详简不一的情况，很显然是作者有所选择有所指，作者在赋中借物他指以抒发自己的思想情怀，其意义在于服务于政治。细读《蚕赋》，领会其核心内容在于"我邻我党，我助我康"这八个字，前面叙述的养蚕过程都是为这八个字立意做铺垫。《蚕赋》作者杨泉所处的时代背景正是你刚唱罢我登场的汉末硝烟弥漫的动乱年代，最终在司马昭粉墨登场之际，作者用养蚕生产须全家齐心合力、外靠友爱的邻里关系，才能得到好收成这样的形象比喻，借此立意需营造社会的和谐气氛，并劝告世人珍爱和平、和谐团结才是幸福生活的源泉。

3 晚唐陆龟蒙的《蚕赋》

《蚕赋》原文："荀卿子有《蚕赋》，杨泉亦为之。皆言蚕有功于世，不斥其祸于民也。余激而赋之，极言其不可，能无意乎？诗人《硕鼠》之刺，于是乎在。

古民之衣，或羽或皮。无得无丧，其游熙熙。艺麻缉纑，官初喜窥。十夺四五，民心乃离。逮蚕之生，茧厚丝美，机杼经纬，龙鸾葩卉。官涎益馋，尽取后已。呜呼！既豢而烹，蚕实病此。伐桑灭蚕，民不冻死。"

《蚕赋》意译：荀卿，杨泉有同题赋作，赞颂蚕之利民。荀卿云"功被天下，为万世文"，本文虽为荀卿与杨泉的同题赋体小品仿效之作，却反其意旨而用讽意。蚕本利民，反成害民之物，引发官吏的贪欲与盘剥，伐桑灭蚕以缓官之盘剥，看似以庄老思想消除文明之意，实乃愤激之语。其意如同《硕鼠》之刺，足见新奇构思。文中三次换韵，每两句一韵，富于节奏感与韵律性，而且层次讲求对比式的跳跃，以蚕生之前上古之民怡然自乐，与蚕生之后官吏屡屡盘剥，民不堪其苦之情状进行对比，更增抨击力度[8]。

陆龟蒙乃晚唐文学家，亦是杰出的赋家。字鲁望，号甫里先生，苏州吴县（现为吴中区）人。陆龟蒙以赋为名作品共二十篇，其赋作中"上剥远非、下补近失""诗经美刺""反映现实、与民同在"等赋学精神贯穿始终，《蚕赋》是其杰出作之一。唐代末期整体经济形势大不如前，一些有志之士，大多愤于时事，敢于讽刺，为文以其批评时政。陆氏在赋中直接批评贪官污吏对人民的伤害，表达其心系劳苦大众、不满政治的心胸。赋文中运用对比方式，突显主题更见当代劳苦人民的不幸。文中先写先民之时，以递进的方式从民游熙熙到尽取而已，最后愤慨地表示只有伐桑灭蚕，人民才不会冻死。这说明文人对上古社会的向往，相对侧面表现其对现世社会的一种失望与无力感。赋作的出发点扣紧《诗经·魏风·硕鼠》，指责乾符六年当时吴兴大旱，鼠害成灾，然其时正当黄巢王霸二年，各地兵变不断，赋税益重。但真正的原因是"礼失而不行，导致物暴政贪[9]"。由上述也看到"不忘对于天下苍生的责任"，是陆氏赋学思想中一个重要的组成部分。

参考文献

[1] 中国社会科学院语言研究所词典编辑室. 现代汉语词典[M]. 北京：商务印书馆，1995：343.

[2] 中国农科院蚕业研究所. 中国蚕业史话[M]. 上海：上海科学技术出版社，2009：161.

[3] 李奕仁，李建华. 神州丝路行[M]. 上海：上海科学技术出版社，2013：367-369.

[4] 赵泽祥. 荀子著作中的蚕学内容及稷下学宫的蚕业教育[J]. 丝绸，1999（9）：41-43.

[5] 周匡明，刘挺. 用现代科学观缜读古《蚕赋》二篇[J]. 中国蚕业，2014（1）：68-71.

[6] 邓超. 吴蜀辞赋观念概述[J]. 河南科技大学学报（社会科学版），2011（2）：49-53.

[7] 刘延福. "天生人成"与道德叙事—论荀子叙事观的理论旨归[J]. 江

西社会科学，2010（1），48‐52.

[8] 李秀敏．略论陆龟蒙的赋体小品[J]．中国海洋大学学报（社会科学版），2009（5）：77‐79.

[9] 胡淑贞．陆龟蒙赋析论[C]//．唐代文化、文学研究及教学国际学术研讨会论文集，2007‐05‐19：1‐18.

读《蚕说》

宋朝，宋仁宗赵祯在位执政期间，有一位久居相位的亲信宋庠，他"天资忠厚"，"与祁俱以文学名擅天下，俭约不好声色，读书至老不倦。善正讹谬，尝校定《国语》，撰《补音》三卷。又辑《纪年通谱》，区别正闰，为十二卷。《掖垣丛志》三卷，《尊号录》一卷，别集四十卷。"可惜这些著作均已散佚；后由清朝四库馆臣从《永乐大典》中辑得宋庠诗文，编为《元宪集》四十卷。在《元宪集》中，有一篇题名为《蚕说》的散文，描写蚕女织妇与蚕的对话[1]。

1 《蚕说》原文及注释[2]

里有织妇，著簪葛帔，颜色憔悴，喟然而让于蚕曰："余工女也，惟化治丝枲（枲：麻。《周礼·天官》："太宰以九职任万民，七月嫔妇，化治丝枲。"化治丝枲，即以丝麻来纺织。）是司，惟服勤组紃（组紃，丝带。薄阔者为组，似绳为紃。服勤组紃说的是为织丝带而辛勤劳作。）是力，世受蚕事，以蕃天财。尔之未生，余则浴而种以俟；尔之既育，余则饬其器以祗事；尔食有节，余则采柔桑以荐焉；尔处不恩（恩：忧患，扰乱），余则弆温室以养焉；尔惟有神，余则蠲其祀而未尝黩也；尔惟欲茧，余则趣其时而不敢慢也；尔欲显素丝之洁，余其具躁盆泽器以奉之；尔欲利布幅之德（布幅之德：《左传·襄公二十八年》："且夫富，如布帛之有幅焉，为之制度，使无迁也。夫民，生厚而用利，于是乎正德以幅之。"幅，范围，限制。），余则操鸣机密杼以成之。春夏之勤，发蓬不及膏；秋冬之织，手胝无所代。余之于子可谓殚其力矣!"

"今天下文绣被墙屋,余卒岁无褐;缇帛婴犬马,余终身恤纬(卒岁无褐:褐,粗布短衣。《诗经·豳风·七月》:"无衣无褐,何以卒岁。"缇帛婴犬马:缇帛,赤黄色的绸制品。婴,系。全句意为:用华丽的绸缎系在动物身上作为装饰。(余终身恤纬:意为我连丝毫的劣等线都不忍浪费。恤,怜惜。纬,指布匹的纬线,这里用指织布中一些低等的下脚料。)宁我未究其术,将尔忘力于我耶?"

蚕应之曰:"嘻!余虽微生,亦禀元气;上符龙精,下同马类(上符龙精,下同马类:古代传说中,说蚕为龙精,又与马同气。见《周礼·夏官·马质》疏)。尝在上世,寝皮食肉;未知为冠冕衣裳之等也,未知御雪霜风雨之具也。当斯之时,余得与蠕动之俦,相忘于生生之域;蠢然无见蒙之乐,熙然无就烹之苦。自大道既隐,圣人成能,先蚕氏(先蚕氏:指发明养蚕的人。《后汉书·礼仪志上》"祠先蚕"注:"今蚕神曰苑窳妇人、寓氏公主,凡二神。"南北朝以后皆祀黄帝正妃嫘祖为先蚕)。利我之生,蕃我以术,因丝以代毳,因帛以易韦;幼者不寒,老者不病:自是民患弭而余生残矣!"

"然自五帝以降,虽天子之后,不敢加尊于我:每岁命元日,亲率嫔御,祀于北郊,筑宫临川,献茧成服;非天子宗庙黼黻(祀于北郊:古人认为蚕是神物,因有祭蚕的风俗。《周礼·天官·内宰》:"中春,诏后帅外内命妇始蚕于北郊,以为祭服。"黼黻:绣有华美花纹的礼服。《淮南子·说林训》:"黼黻之美,在于杼轴。")无所备,非礼乐车服旂常(旂常:旗帜之名。画蛟龙的叫作"旂",画日月的叫作"常"。《周礼·春官·司常》:"掌九旗之物名。日月为常,交龙为旂。")无所设,非供祀无制币,非聘贤无束帛,至纤至悉，衣被万物。女子无贵贱，皆尽心于蚕。是以四海之大，亿民之众，无游手而有馀帛矣。"

"秦汉以下，本摇末荡：树奢靡以广君欲，开利涂以穷民力；云锦雾縠之巧岁变，霜纨冰绡之名日出；亲桑之礼颓于上，灾身之服流于下。倡人孽妾被后饰而内闲中者以千计，桀民大贾僭君服以游天下者非百数；一室御绩而千屋垂缯十人漂絮而万夫挟纩：虽使蚕被于野、茧盈于车，朝收暮成，犹不能给；况役少以奉众，破实而为华哉！方且规规然重商人衣丝之条，罢齐官贡服之织；衣弋绨（弋绨：黑色的粗绸。弋，通"黓"，黑色。）以示俭，袭大练而去华：是犹捧凷埋尾闾之深（凷："块"的本字，土块。尾闾：指海水。语见《庄子·秋水》："尾闾泄之，不知何时已而不虚。"尾闾乃杜撰的泄出海水之处，后用作海水的借语。）覆杯（覆杯：翻覆一杯的水。昆冈之烈：昆冈：昆山，古代著名的产玉地。烈，指烈火。《尚书·胤征》："火炎昆冈，玉石俱焚。"）救昆冈之烈，波惊风动，谁能御之？由斯而谈，则余之功非欲厚啬声以侈物化，势使然也。二者交坠于道，奚独怒我哉？且古姜嫄、太姒（姜嫄：传说中周族始祖后稷之母。太姒：周文王之妃，武王之母。）皆执子之勤，今欲以一己之劳而让我，过矣。"

于是织妇不能诘，而终身寒云。

2 《蚕说》意译文[3]

乡里有个以织布为生的妇人，发髻上插着蓍草做的簪子，穿着麻布衣服，叹息着责备蚕说："我是个以织布为生的妇人，只负责用丝麻织布，只是辛勤地纺织，世代从事养蚕织布的职业，来使桑蚕得以繁殖。你还没有出生时，我就沐浴来等待你的幼虫；你已经发育了，我就整理器具恭敬地侍奉你；你吃的桑叶有时序，我就采摘柔嫩的桑叶进献给你；为了让你住得安逸，我就建造温室来养育你；你盼神灵护佑，我就清洁祭祀品没有怠慢过；你要结茧，我就抓紧时机不敢怠慢；你想显示你素丝的洁白，我就准备好各种缫丝的器皿送给你；你想从丝织品中传布品行，我就操作织布机来成全你。春夏时节，我勤奋的纺织，来不及整理头发；秋冬时候，织锦使得手上满是老茧我也没有片刻休息，我对你可以说是用尽了全身之力了！"

"现在天下很多人房屋里挂满绫罗绸缎，而我一年到头连一件粗布短衣都没有；（很多人）狗马身上披着锦绣，而我连丝毫的低等纬线我都不忍浪费。难道是我没有参透养蚕织布的道理，使得你忘却了对我也应该有所付出？"

蚕回应蚕妇说："唉！我虽然是微小的生灵，但也秉承天地（宇宙自然）的元气；上符合龙的种，下与马也同类。曾经在上代，被人吃肉剥下皮当姆子垫；不知道做冠冕衣裳这类物品，也不需要抵御风雪的器具。但那个时候，我能够像蚯蚓等小动物那样慢慢地爬动而成为它的同类，彼此忘却在擘生不绝、繁衍不已的疆土，笨拙迟钝没有被喂养的快乐，安然自适没有被烹煮的痛苦。自从自然大道消失，圣人逞其才能。先蚕氏认为我活在世上对你们人类有益处，就用技术养我，用我的丝代替鸟毛，用丝帛代替牛皮，这样小孩（穿用我制作的衣服）不会觉得寒冷，老人也不会生病，从此你们人类的祸患消除了，而我的生命就遭受戕害了。

然而从五帝以下，即使天子的正妻，（也）不敢在我身上施加尊威。每年元日，天子亲率嫔妃，在北郊祭祀，临川筑宫，献茧制成祭服，不是天子宗庙不能备绣有华美花纹的礼服，不是礼乐车服旗不能设，不是供祀不能有所供之缯帛，不是聘用贤士不能有用作聘问，馈赠礼的捆为一束的五匹帛，极其细致周密，使万物安适御寒。女子无论贵贱，都尽心养蚕。因此四海之大，亿民之众，没有游手好闲之人，因而有剩余的丝织品了。

"然而自秦汉以来，人们舍弃农桑，追逐商贾末流，倡导奢靡风气来膨胀君主的淫欲，开启牟利的途径来穷尽百姓的财力，各种绫罗绸缎服饰花样每年有不同的变化，每日有新奇的出现，亲桑的典礼已经在朝廷中衰落，不合礼仪的服饰在普通百姓中风行。娼妓和姬妾身披华服而游荡，无所事事的人数以千计，僭越身份穿着君主才能穿的华套到处招摇过市的强盗和巨商大贾不止百数；一个家庭纺织，可让上千家庭穿着丝帛，十个人漂洗蚕丝，可让上万人携带丝织品；这样即使蚕虫漫山遍野，蚕茧装满车子，早晨把蚕茧收来晚上就纺织成丝织品，还不能满足供应；更何况现状是劳作的人少，而享用的人多，废弃了朴实而崇尚奢靡呢！若谋划着加大对商人穿华美服饰的限制，罢黜各地进献的丝织品，穿粗布衣服来展现节俭，穿宽大的布袍除去华丽的丝帛：这就像捧一个土块去堵塞大海的窟窿，倒一杯水去救昆冈的烈火，大海波涛涌动，昆山狂风呼啸，谁能抵御它们？从这点说来，那么我的作用不是想让人们重声色奢靡，是形势逼迫成这样的。那两种情形在世上交相横行，你怎么唯独把怨气发作到我的身上呢？再说远古时代的后稷之母姜嫄、武王之母太姒这样高贵之人也从事跟你现在一样的劳作，现在你因为你一个人的辛劳却来责备我，太过分了啊。"

在这时候织妇不能反驳蚕，于是终生遭受饥寒。

3　对《蚕说》的理解

《蚕说》讲述了从事养蚕、缫丝、织绸的蚕女织妇，对自己终生劳作，忙到"春夏之勤，发蓬不及膏；秋冬之织，手胝无所代"，却过着"天下文绣被墙屋，余卒岁无褐；缇帛婴犬马，余终身恤纬"的生活，实感悲叹。乃至自言自语并用责问性的口气，与她所饲养的蚕对起话来，然后借蚕的口道出一番缘由。

《蚕说》中蚕的应答可分为三个层次，首先蚕诉说它"上符龙精，下同马类"的属性及先蚕氏驯养到用蚕的过程。最初，蚕在天生万物时期，那时万物平等，作为野生的蚕"余虽微生，亦禀元气；上有龙精，下同马类"，过着"相忘于生生之域，无见羹之乐，无就烹之苦"的日子，直到先蚕氏被驯养成为家蚕，开始为人类所利用；其次再讲五帝以降，自天子到嫔御对蚕的尊崇，达到"至纤至悉，衣被万物，女子无贵贱，皆尽心于蚕。是以四海之大，亿民之众，无游手而有馀帛矣"的理想盛况。此时蚕处天人合一时期，人类对自然万物存有敬畏之心，即使利用也取用有道，所以能够做到"好无贵贱，皆尽于蚕"，"四海之大，亿民之众，无游手而有"。

"天人合一"的思想，最初由庄子所阐述，至《易经》将天地人三者对应联系在一起，谓天之道在于"始万物"，地之道在于"生万物"，人之道在于"成万物"。以自然为法，以天地为师。[4]而从"天下为公"转变至"天下为家"或"天下为私"的时段，依《礼记·礼运篇》之记述，当发生于夏禹前后，禹之前"大道之行也，天下为公"，而禹之后则成了"今大道既隐，天下为家"，其意是说"原始公社制度解体了，天下的财产成了一家的私产"。然而到第三个层次则话锋逆转，指出"自秦汉以下，本摇末荡：树奢靡以广君欲，开利涂以穷民力；以至云锦雾縠之巧岁变，霜纨冰绡之名日出；亲桑之礼颓于上，灾身之服流于下"，连"娼妓和姬妾（都）穿戴着王后的服饰，豪民和大贾身披君主的服装，这些不务农桑的游手好闲者远远多于蚕桑生产者，而衣着还要弃朴实为华丽，即使把养蚕纺织之人累死，也不能满足他们奢靡的需求"。这个时境的蚕处于天下为私的善，"秦汉以下，本摇末荡：树奢靡以广君欲，开利涂以穷民力；云锦雾縠之巧岁变，霜纨冰绡之名日出；亲桑之礼颓于上，灾身之服流于下"，所以才会出现"虽使蚕被于野、茧盈于车，朝收暮成，犹不能给"的局面。由于上层穷奢极欲，中层唯利是图，下层就只有过着终日辛劳却不得温饱的生活。

《蚕说》一文巧妙、间接地讥讽、抨击了当时社会风气，希望能够效仿先人，关注社会，回归"人无贵贱、悉皆尽心"的合理制度。就整个社会的发展而言，既要关注国计民生，注重经济效益，又要重视社会效益与生态效益。在注重资源开发的同时，又要重视资源的合理利用与再生利用，做到不暴殄天物，不泽竭而鱼，尽可能实现人与自然之间和谐发展。历经数千年之栽桑养蚕这项传统产业，符合社会可持续发展、可循环利用的本质要求，其存在的拓展前景当非常广阔。

参考文献

[1]　李奕仁，李建华. 神州丝路行[M]. 上海：上海科学技术出版社，2013：377 - 388.

[2]　XHJ2766967. 新浪博客［EB/OL］.《蚕说》翻译，2015 - 01 - 18.

[3]　卢日信. 新浪博客［EB/OL］.《蚕说》译文（原创），2015 - 01 - 15.

[4]　韩国良. 天人合一——《诗经》兴象的构建平台[J].《南都学坛》（人文社会科学学报），2006（5）：72 - 74.

读秦观《蚕书》

在众多"古蚕书"中，北宋时期秦观所撰《蚕书》具有特殊地位。在此之前，《旧唐书·经籍志》和《新唐书·艺文志》中分别载有《蚕经》的记述，史籍中也有五代时蜀人孙光宪所著《蚕书》二卷的记载，然而这三部书均已失传。在综合性农书《氾胜之书》中仅有百余字《种桑》一节，并无养蚕内容；《齐民要术》中有《种桑柘》篇，而《养蚕》也仅作为该篇的附录。因此，秦观《蚕书》就成了中国现存最早的蚕桑专著[1]。

秦观（1049—1100 年），字少游，号淮海居士，扬州高邮人。秦观平生与苏轼、黄山谷等文人雅士学术交流甚多，为"苏门四学士"之一，王安石对他的诗文，亦极为赞赏，范成大、陆游等则对他更为尊崇，其在文学、艺术领域的各个方面都有着较大的成就，举凡诗、文、词、赋、书、画等，自北宋以来即为世人所瞩目，尤其是词，被称为婉约正宗，对后世影响极大。不仅如此，秦观还对科学技术如医药、蚕桑和政治、历史等，都有着深湛的研究，是一位治学严谨的学者。[2]秦观著《蚕书》于元丰六年（公元 1083 年），时年他 35 岁[3-4]。《蚕书》所记养蚕缫丝技术，以高邮当地为主，但也涉及了兖州一带较先进的北方技术体系。元丰元年（1078 年）秦观第一次入京应举，并顺道拜访在徐州任太守的苏轼途中，曾得以"游济河之间"，见识了兖州一带养蚕缫丝的先进技术，认为"兖人可为蚕师"，所以在《蚕书》中说明"今予所书，有与吴中蚕家不同者，皆得之兖人也"。

秦观的《蚕书》篇幅不长，通篇分 11 章目计 915 字。正文前有"前言"一节，叙述了作者的写作动机和写作背景等。其后的正文分为十节，分别为：种变、时食、制居、化治、钱眼、镇星、添梯、车、祷神、戎治。其中"种变、时食、制居"三节是讲述育蚕技术;"化治、钱眼、镇星、添梯、车"五节是讲述煮茧、缫丝技术;"祷神"一节是讲述养蚕的崇拜和禁忌;最后的"戎治"一节是介绍西域栽桑养蚕的实例。

1 秦观《蚕书》原文

（1）蚕书。予闲居，妇善蚕，从妇论蚕，作蚕书。

考之《禹贡》，扬、梁、幽、雍不贡茧物，兖篚织文，徐篚玄缎缟，荆篚玄纁玑组，豫篚织纩，青篚靥丝，皆茧物也。而桑土既蚕，独言於兖，然则九州蚕事，兖为最乎？予游济、河之间，见蚕者豫事时作，一妇不蚕，此屋詈之。故知兖人可为蚕师。今予所书，有与吴中蚕家不同者，皆得之兖人也。

（2）种变。腊之日聚蚕种，沃以牛溲，浴于川，毋伤其籍，乃县之。始雷，卧之五日，色青，六日，白，七日，蚕已蚕，尚卧而不伤。

（3）时食。蚕生明日，桑或柘叶，风戾以食之。寸二十分，昼夜五食。九日。不食一日一夜，谓之初眠。又七日，再眠如初。既食叶，寸十分，昼夜六食，又七日，三眠如再。又七日，若五日，不食二日，谓之大眠。食半叶，昼夜八食，又三日，健食，乃食全叶，昼夜十食，不三日遂茧。凡眠已，初食，布叶勿掷，掷则蚕惊，毋食二叶。

（4）制居。种变方尺，及乎将茧，乃方四丈。织萑苇，范以苍筤竹，长七尺，广五尺，以为筐。建四木宫，梁之以为槌，县筐中间九寸，凡槌十县，以居食蚕。时分其居，粪其叶余，必时去之。萑叶为篱勿密，屈稿之长二尺者，自后茨之为蔟，以居茧蚕。凡茧七日而采之。居蚕欲温。居茧欲凉，故以萑铺茧，寒之以风，以缓蛾变。

（5）化治。常令煮茧之鼎，汤如蟹眼，必以箸引其绪，附于先，引，谓之喂头。毋过三系，过则系粗，不及则脆，其审举之。凡系，自鼎，道"钱眼"，升于"锁星"，星应车动，以过"添梯"，乃至于"车"。

（6）钱眼。为版，长过鼎面。广三寸，厚九黍，中其厚插大钱一，出其端，横之鼎耳。后镇以石。绪总钱眼而上之，谓之钱眼。

（7）锁星。为三芦管，管长四寸，枢以圆木，建两竹夹鼎耳，缚枢于竹中，管之。转以车，下直钱眼，谓之锁星。

（8）添梯。车之左端置环绳，其前尺有五寸，当车床左足之上，建柄，长寸有半。匼柄为鼓，鼓生其寅，以受环绳。绳应车运，如环无端，鼓因以旋。鼓上为鱼，鱼半出鼓。其出之中，建柄半寸，上承添梯。添梯者，二尺五寸片竹也。其上揉竹为钩。以防系。窍左端以应柄，对鼓为耳，方其穿，以闲添梯。故车运以牵环绳，绳簌鼓，鼓以舞鱼，鱼振添梯，故系不过偏。

（9）车。制车如辘轳，必活其两幅，以利脱系。

（10）祷神。卧种之日，升香以祷天驷，先蚕也。割鸡设醴，以祷菀窳妇人，寓氏公主，盖蚕神也。毋治堰，毋诛草，毋沃灰，毋室入外人，四者，神实恶之。

（11）戎治。唐史载，于阗初无桑蚕，丐邻国，不肯出。其王即求置婚，许之，将迎，乃告曰："国无帛，可持蚕自为衣。"女闻，置蚕帽絮中，关守不敢验，自是始有蚕。女刻石，约无杀蚕，蛾飞尽，乃得治茧。言蚕为衣，则治茧可为丝矣。世传茧之未蛾而窍者不可为丝。顷见邻家误以窍茧杂全茧治之，皆成系焉，疑蛾蜕之茧也。欲以为丝，而其中空，不复可治呜呼！世有知于阗治丝法者，肯以教人，则贷蚕之死可胜计哉！予作《蚕书》，哀蚕有功而不免，故录唐史所载，以俟博物者。

2　秦观《蚕书》意译文

（1）蚕书（前言）。我在高邮闲居时，因妻子徐文美善于养蚕，我就和她讨论养蚕缫丝的方法，从而写成了蚕书。

考证《禹贡》这部书，从来扬州、梁州、幽州、雍州，不朝贡茧丝织物。兖州出产的有织纹的锦绮、徐州出产的黑白绢缟、荆州出产的黑底绛色提花如珠玑般美好的斜纹和缎纹组织丝绸、豫州出产的丝绵、青州出产的山桑茧丝，都属于蚕茧加工后的丝绸织品。而栽桑养蚕，为什么唯独说兖州呢？难道全国九州之蚕事以兖州为最好吗？我曾经游历于济水和黄河之间的地域，见到那儿从事桑蚕之事的蚕农们皆喜欢按季节适时而作，如有一位妇女不养蚕，全家的人都会指责她。所以，我知道兖州人可以作为教养蚕的老师。现在我所写的《蚕书》，其中有些内容如操作管理等方法，与吴中地区养蚕人家的经验有所不同，这是因为得之于兖州人的养蚕技术。

（2）催青（种变）。腊月时将收集好的蚕种，先浇上牛尿处理一下，再在河流中淘洗干净，淘洗时要注意切勿损伤了蚕种的保护层，而后将蚕种悬挂起来保管，以防止霉变或鼠咬。至春雷初始之日，桑树初放 2～3 叶之时，将蚕种取下平放于暖种器具内升温保暖，即开始催青，至第 5 天时蚕卵转为青色，第 6 天时卵色发白，第 7 天时幼蚕就破卵而出了。刚孵化出的蚁蚕尚静止不动，这没有问题，待一个时辰后它就开始蠕动，此时为收蚁适期。

（3）按时给蚕喂食（时食）。见苗蚁后第 2 天开始收蚁饲养，桑树叶或柘树叶皆可以饲喂。但是，对有露水、雨水之叶需经风吹干后再进行喂食。饲养小蚕的桑叶要切碎，1 寸见方的桑叶大概切成 20 份，一日一夜饲喂桑 5 次，9 天，蚕一日一夜不吃桑叶，这就是初眠；脱皮饷食后又过了 7 天，和初眠一样进入二眠。开始食桑叶时，1 寸见方的桑叶切成 10 份，一日一夜饲桑 6 次，又过了 7 天，进入三眠，如以前一样脱皮。进入 4 龄期后，又需 7 天，此时有 5 天食桑，有 2 天不食桑，这就是大眠了。眠起后 5 龄饷食时将桑叶切成两半饲喂，1 昼夜饲喂 8 次桑叶；又过了 3 天，蚕儿进入盛食期，这时可以饲喂全叶，1 昼夜要饲喂 10 次桑叶，再经过不到 3 天，蚕就开始上蔟结茧了。

凡是蚕眠起后第 1 次给桑时，要轻放桑叶，切勿猛掷，因蚕刚脱过皮，体表较嫩，如掷叶过猛则蚕儿易惊吓受伤。另外，养蚕时还需注意只饲食一种叶子，不要将桑叶、柘叶混饲，亦不要用剩叶饲蚕，否则会影响蚕的生长。

（4）准备蚕室及蚕具（制居）。蚕种催青时只需要 1 平方尺的面积即可，而蚕生长发育到 5 龄后期快要结茧时，就需要 4 平方丈的地方了。以芦苇秆编织芦帘，用竹竿围边，约 7 尺长 5 尺宽的面积，以作为养蚕之箔。建竖 4 根木柱，再担横梁，将蚕箔悬放在横梁之上，每层间隔 9 寸，分成 10 层，以供蚕儿居食。随着蚕儿的生长发育，要即时将长大的蚕分居到其他帘箔，并清除蚕沙和食剩的残叶。以芦苇叶编成篱笆，但不要过密，将稻草或麦秆切成 2 尺长 1 段，然后堆积成蔟，以供熟蚕上蔟营茧。上蔟后第 7 天就可以采茧了。在养蚕期间的温度要高一点，而在上蔟结茧时的温度则要低一些，故用芦苇铺在蚕茧的下面，并开窗通风换气，以延缓化蛹出蛾。

（5）缫丝工艺（化治）。煮茧锅里的水温常常需保持在初沸状态，泛起如蟹眼的水泡，用筷子索引丝头，丝头附在筷子尖上后，即用手捻住；这种索引茧丝头的工艺叫作喂头。茧丝不要超过 3 根，如果超过了生丝就粗了；也不能少于 3 根，少了则容易折断，这是定粒的关键所在，一定要谨慎操作。凡茧丝头从煮茧锅中索绪引出后，先通过"钱眼"上升到"锁星"，锁星随着

"车"相应地运转，再经过"添梯"，缫好的生丝就旋绕到"车"上了。

（6）钱眼。取1块木板，其长度比煮茧锅的直径要长一些，3寸宽，有9粒黍的厚度，在木板的中央部位插入1枚大钱（钱的方孔就是钱眼），将木板横在煮茧锅上，木板的两头在锅耳之外，并用石头压住以稳定木板。所有的丝绪头从钱眼中穿过去向上牵引，这就是钱眼。

（7）锁星。做3根4寸长的芦竹管子，用圆形木头当作转轴穿进芦管，再以2根竹竿夹在煮茧锅两边的锅耳上，将3根圆木转轴分别缚于竹竿中段，将丝绪管起来。以车转动旋绕生丝，上面与车的转速相合，下面与钱眼垂直，丝绪在旋绕过程中就有了张力，这就叫作锁星。

（8）添梯。在缫丝车的左边设置1根环形绳子，其长度为1尺5寸；在车床的左足上，建造1个柄，长度为1.5寸，柄子上套个轮毂，在轮毂上要开凹槽，以便套上环形绳子，环形绳应随着缫车往复循环地运转，鼓也因此而旋转。在鼓上设置的一个像鱼一样穿梭摆动的配件叫鱼，鱼的一半伸出鼓外，再在其伸出的一半中间建造1个0.5寸长的柄，以此来承接添梯。添梯是什么？也就是2尺5寸长的竹片；在竹片的上端装上用竹子弯曲成钩的装置，以便钩住丝绪。在竹片的左边开个孔与柄相对应，鼓的对边有耳状结构，以挡住添梯，防止穿脱。所以缫车运转时牵动环绳，环绳带动鼓转，鼓运转起来舞动鱼，鱼穿梭摆动添梯；因此，生丝旋绕到车上就能排列整齐，不偏于一处。

（9）车。制作的绕丝车就像汲井水用的辘轳，可以将生丝旋绕上去；但两幅必须是活动并可以拆卸的，以方便脱卸旋绕上去的生丝。

（10）祷神。蚕种催青这一天非常神圣，要升香燃烛，向天驷星及养蚕始祖祈求保佑。要杀鸡摆酒，来祷告苑窳妇人和寓氏公主，因她们都是蚕神。并规定不要将蚕室建在低凹处，以避免下雨时修理坝头挡水，蚕室内不要有未清除的杂秽之物，不要有未清扫的尘土污垢，不要让外人进入蚕室，这 4 种情况都是蚕神所厌恶的。

（11）西域的缫丝方法（戎治）。根据"唐史"记载，新疆和田一带的于阗国最初没有桑蚕，乞求于东邻国，东邻国不愿意给其桑蚕种。于阗的国王就向东邻国求婚，其国君有怀远之志，同意通婚以公主下嫁。在将要迎娶的时候，于阗国使节告诉公主："我们于阗国没有丝绸织物，你可持带一些桑蚕种去，解决自己的穿衣问题。"公主听此言后，在出嫁的那天将桑蚕种藏在帽絮之内，出关时，关守不敢查验公主，于是于阗国从此就有了桑蚕。公主命人在石头上刻字，约定"不准杀死蚕，等蚕蛹出蛾后方可以缫茧为丝"。都说养蚕是为了做衣服，而治茧是为了缫丝、织绸。世世代代传下来的经验，蚕茧未出蛾就有孔洞是不可以制成丝的，何况已经出蛾有了孔洞的蚕茧怎么可以缫丝呢？不久前看见邻居家里误将有孔洞的茧掺杂在好茧子中缫丝，皆缫成生丝了，我认为是并没有出蛾的好茧。其茧已经出蛾有空洞，是不可以缫丝的。哎哟！世间有知道于阗国缫丝方法的人，又肯以此教给别人，那就可以宽免蚕儿不死又能缫丝，真是胜算的好计谋啊！我现在写《蚕书》，哀怜蚕儿有功于人类而又不能免其死，故录"唐史"所记载的情况，来等待有博学通晓众多事物的人来解决这一问题。

3 对秦观《蚕书》的基本理解

秦观《蚕书》在论述有关蚕体生理的基础上，系统阐明了多回、薄饲的饲育方法，提出了缫丝工艺的技术要求，缫丝设备的重大改进及其部件的构造和性能。对于指导中国古代农村养蚕活动、缫丝的整体工艺流程，具有很强的科学性、实用性和创造性。

（1）从定性和定量角度论述蚕体的生理变化，并依据其发育过程提出精细饲养方法

《蚕书》中关于蚕体生理变化的定量描述，是其不同于其他"古蚕书"的一个显著特点。书中指出，蚕在用人体体温催其孵化的条件下，大约需 7 天孵化。"五日色青。六日白，七日蚕已"，其中第 5 天蚕卵转青色，第 6 天转白，第 7 天孵化。特别是第 5 天蚕卵转为青色，是孵化期的关键，所以现代人们还将促其蚕卵孵化称之为"催青"，这一术语至今仍广泛流行于我国的广大蚕区。《蚕书》注重通过实地观察，细致论述蚕的生长发育规律，揭示各眠期的生理特点，明确各龄期不同的饲养（蚕）要求。将《蚕书》中给出的龄期、眠期与现代养蚕法应用中的龄期、眠期相比较，不难发现，除小蚕期外，其他龄期相似，足以反映出《蚕书》科学性之强。特别值得提出的是，《蚕书》中作者还把第五龄壮蚕期划分为两个阶段，明确了在这两段时期蚕对于饲料的不同要求。现代蚕业科学研究证实，家蚕从第 5 龄的第 3 天起，绢丝腺迅速发育壮大，这时的给桑量、给桑回数必须相应增加，以充分保证蚕能吃饱，使蚕茧稳产高产。作者在 900 多年前就认识到这一规律，其意义深远。《蚕书》中还强调切桑的重要性，首次给出了各龄蚕儿食桑时的切桑标准。书中还指出，蚕座面积要和不同发育时期相适应，要随着蚕儿长大而扩大蚕座面积。书中还给出了蔟中经过日数，为适时采茧提供了依据。总之，秦观《蚕书》，不同于其他一般蚕书比较偏重现象描述，而是已从定性描述进入定量描述，取得了一定数据，明确了总量指标或相对指标，足以证明其达到了较高的科技水平。

（2）科学总结"种变""时食"和"制居"等实际经验，创造性提出了多回、薄饲为中心的实用养蚕技术

秦观《蚕书》中描述的蚕种，当属四眠 5 龄种，可能是来自

北方兖、豫、河、济而普及于作者家乡一带的品种。根据自然气候条件，书中强调须在中国农历十二月初八日先将蚕种集中起来，用牛尿浸泡约十余天后，再以河里的清水洗净，这一步称为浴种。书中强调浴种的重要作用有三：一是可清除原来附着于蚕卵上的蛾尿、鳞毛和病原物。因牛尿苦寒，含有盐酸盐、硫酸盐、磷酸盐、碳酸盐等无机化合物，以及尿素、肌酸酐、嘌呤碱、氨基酸等有机成分，具有一定的渗透、消毒作用。二是可以淘汰病弱蚕卵，使劣种丧失孵化能力，以达到优化选种的目的。三是有利健康蚕卵孵化，因牛尿 pH 值为 8.4 左右，具弱碱性，能促使蚕卵外层蛋白质趋于溶解、疏松，有利胚子发育，易于幼蚕孵出。浴种后的蚕种经风干，再冷藏一段时间，待气候转暖，桑叶新生时，取出蚕种以人体体温促其孵化。经 5 天，蚕种渐渐转为青色，第 6 天又转为白色，第 7 天孵化出幼蚕，这是第 2 步。古代多以室内生火加温来催化蚕种，但由于没有测温设备，温度难以掌控。采用人体体温促其孵化，正常状态下人体体温为 37℃ 恒温，对蚕卵而言，属于高温催化，这不仅仅是一因陋就简促蚕卵孵化的方法，重要的是它还有别于保护二化性蚕品种（即春秋二季皆孵化，一年两熟）种性的稳定性。书中还规定了不同的切桑标准，以及每昼夜的给桑回数和每回的给桑量，幼蚕孵出的第 2 天就可以开始饲桑。从幼蚕期到初眠前所饲桑叶，每寸应切成 20 分，一昼夜饲桑 5 回，以满足其发育的养料需求。蚕眠方起亦不宜立即饲桑，其吃剩的桑叶要及时清除。总之，书中强调这些细节，也是为达到多回、薄饲的要求，这是第 3 步。对于成熟蚕要及时准备蔟具让它"上山"结茧，由于"居蚕喜温"，所以要稍微加温，促其吐丝结茧。对于迟熟蚕，可以安排短期的"蚕、蔟共室"以调节气温，即将迟熟蚕置于蚕架上层，蔟茧置于下层，由于热空气上浮，可促迟熟蚕加快成熟，又满足了蔟茧对低温的要求，互为有利，这是养蚕的最后一节。所有这些，都是中国古代养蚕经验的科学总结。

（3）改进缫丝车设计，全面提高缫丝效益[5]

秦观《蚕书》所叙之缫丝车，有以下4大改进：

一是改单头集绪为多头集绪。书中指出，索绪"毋过三丝"。一锅茧，三个茧并为一绪，为适应多头索绪，在茧锅上设置"钱眼"，"钱眼"是横放在茧锅上的一块宽三寸、厚九分的板。一端穿锅耳，一端悬石块，靠石块重力把板固定在锅面上。板上等距离挖孔，孔之多少视茧锅为度。这样索绪后，穿过钱眼，向上索引。

二是加捻。穿过"钱眼"的绪，上升牵引到"锁星"。"锁星"有3个，是3根芦管外套上圆木板制成。用一细杆穿过芦管，细杆两端分别固定在两根夹在煮茧锅把上的竹竿上。选择车转、管转、牵丝动直到钱眼。

三是增添匀丝设备。在缫丝车前上方，与缫丝轴相平行处，从车架上伸出一柄，柄上设一波形轮。轮的左边有波状凹凸，波形轮通过竿推动车上前方的"添梯"做左右往复运动。"添梯"是一个长2尺5寸的竹片，上有和"锁星"相对应的孔。丝从锁星到添梯，再到丝车。车转带动波形轮旋转，推动添梯左右往复，使丝均匀绕在筬上。

四是缫车动力为脚踏。挡车时左脚踩踏板使车转动。

秦观所述之缫车，在我国丝绸史上占有重要地位。他增添的三项设备和动力改进（之前是手摇车），使坐缫改为立缫，极大地提高了缫丝进度和缫丝质量，从而成为我国明、清时代缫车的先驱。

参考文献

[1] 李奕仁，李建华. 神州丝路行[M]. 上海：上海科学技术出版社，2009：144-152.

［2］ 秦子卿. 论《蚕书》及其作者秦少游［J］. 扬州师院学报（自然科学版），1992（1）：65-70.

［3］ 蒋成忠. 秦观《蚕书》释义（一）［J］. 中国蚕业，2012（1）：80-84.

［4］ 蒋成忠，秦观《蚕书》释义（二）［J］. 中国蚕业，2012（2）：79-81.

［5］ 魏东. 论秦观《蚕书》［J］. 中国农史，1987（1）：82-86.

从《本草纲目》看蚕桑的药食价值及文化传承

《本草纲目》是中国最具世界性影响力的药学及博物学巨典。它集中国古代医学所取得的最高成就为一体，同时广泛涉及相关的生物、化学、天文、地理、地质、采矿等领域，成为中国古代科技史上容量最大、内容最丰富的巨著，曾被英国生物学家达尔文誉为"中国的百科全书"[1]。因为如此，不同行业的人士都能从这部名著中寻觅到与本专业相关的蛛丝马迹，蚕桑作为中国传统文化的载体当然也不例外。

1 药食同源的桑

桑在中国古代有东方神木之称，其文化意蕴极其丰富。桑叶可以作为蚕的饲料，桑木可制作家用或农用的器具，桑枝可编制筐篮，桑的树枝、皮可用作造纸原料，桑果（桑葚）可供食用、酿酒。桑叶、枝、果和根皮及寄生物均可入药[2]。唐代《黄帝内经太素》载："空腹食之为食物，患者食之为药物。"反映出了"药食同源"的思想理念。

1.1 桑的药用[3]

1.1.1 桑柴灰

（1）目赤肿痛：用桑灰 1 两、黄连半两，共研为末。每用 1 钱，锡汤澄清后洗眼。

（2）青盲：用桑灰煎汤洗眼，坚持有效。

（3）身、面水肿，坐卧不得：有桑枝烧灰淋汁煮赤小豆，每饥时即吃豆，不喝豆汤。

（4）白癜风：用桑柴灰 2 斗，蒸于甑内，取锅中热汤洗患处。几次即愈。

（5）头生白屑：用桑灰淋汁洗头。

（6）大麻风：用桑柴灰，热汤淋取汁，洗头同，再用大豆磨浆洗，用绿豆粉泡熟水洗。3 日一洗头，1 日一洗脸。不过 10 次见效。

1.1.2　桑枝

（1）水气脚气：用桑条 2 两炒香，加水 1 升煎至二合，每日空心饮服。

（2）风热臂痛：用桑枝 1 小升，切细，炒过，加水三程式，煎成 2 升，1 日服尽（有人臂痛，诸药不效，服此数剂即愈）。

（3）紫白癜风：用桑枝 10 斤、益母草 3 斤、加水 5 斗，煮成 5 斤，去渣，再熬成膏。每于卧时服半侯，温酒调下。以愈为度。

1.1.3　桑叶

（1）青盲：取青桑叶焙干研细，煎汁乘热洗目，坚持必效。有患此病 20 年者，照此洗浴，双目复明。

（2）风眼多泪：取冬季不落的桑叶，每日煎汤温洗。或加芒硝亦可。

（3）眼红涩痛：用桑叶研末，卷入纸中烧烟熏鼻，有效。

（4）头发不长：用桑叶、麻叶煮淘米水洗头。7 次后，发即速长。

（5）吐血不止：用晚桑叶焙干，研为末，凉茶送服 3 钱，血止后，宜服补肝、肺的药物。

（6）肺毒风疮：用好桑叶洗净。蒸熟一宿，晒干，研为末，水调服 2 钱。

（7）痈口不收：用经霜黄桑叶，研末敷涂。

（8）汤火伤疮：用经霜桑叶烧存性，研为末，油调敷涂。数日可愈。

（9）手足麻木：不积压痛痒。用霜降后桑叶煎汤频洗。

1.1.4　桑根白皮

（1）咳嗽吐血：用新鲜桑根白皮 1 斤，浸淘米水中三宿，刮去黄皮，锉细，加糯米 4 两，焙干为末。每服 1 钱，米汤送下。

（2）消渴尿多：用入地 3 尺的桑根，剥取白皮，炙至黄黑，锉碎，以水煮浓汁，随意饮服，亦可加一点米同煮，但忌用盐。

（3）产后下血：用桑白皮，炙过，煮水饮服。

（4）月经后带红不断：锯桑根取屑一撮，酒冲服。一天服 3 次。

（5）跌伤：用桑根白皮 5 斤，研为末，取 1 升，煎成膏，敷伤处，痛即止。亦无宿血。

（6）刀伤成疮：用新桑白皮烧灰，与马粪调匀涂疮上，换药数次即愈。

（7）发枯不润：用桑根白皮、柏叶各 1 斤，煎汁洗头，有效。

（8）小儿流涎（脾热，胸膈有痰）：用新桑根白皮捣取自然汁服下。

（9）小儿丹毒：用桑根白皮煮汁洗浴，或研为末，调羊膏涂搽。

（10）石痈（坚硬，不作脓）：用桑白皮阴干为末，溶胶和酒调涂，以痈软为度。

1.1.5　桑葚

又叫桑果，有黑色和白色几种，药用价值以黑色为佳。《本草纲目》云："单食，止消渴，利五脏关节，通血气，久服不饥，安魂镇神，令人聪明。多收暴干为末，蜜丸日服；捣汁饮，解中酒毒；酿酒服，利水气消肿。"现代研究表明，桑葚不仅酸甜可口，且营养价值丰富，含有人体所需的多种维生素、矿物质，且其中具有抗癌功能的硒含量在众多水果中可谓冠压群雄。此外，还含有人体必需的 8 种氨基酸和天然抗氧化成分桑葚红色素、白藜芦醇、黄酮类等物质，具有一定的美容养颜、延缓衰老的功效。

（1）自汗盗汗：用桑葚 10g、五味子 10g，水煎服每日 2 次。

（2）眼目昏花遗精：用桑葚 30g、枸杞 18g，水煎服每日 1 次。

（3）肺结核、阴虚潮热、干咳少痰：用鲜桑葚 30g、地骨皮 15g、冰糖 15g，水煎服，每日早晚各 1 次。

（4）神经衰弱、失眠健忘：用桑葚 30g、酸枣仁 15g。用水煎服每晚 1 次。

（5）血虚腹痛、神经痛：鲜桑葚子 60g，水煎服。或桑葚膏每日 10～15g 用温开水和少量黄酒冲服。

（6）治便秘：桑葚 30g、蜜糖 30g。水煎服每日 1 次。

1.2 桑的食疗

（1）桑叶眉豆排骨汤：用桑叶 250g、眉豆 30g、排骨 500g、新鲜陈皮半个、胡萝卜 200g、生姜适量，煲汤后食用，可清热利尿。

（2）桑叶豆腐猪肺汤：用桑叶 100g、猪肺 200g、猪𦟛子 100g、豆腐 180g、生姜适量，在砂锅中加水煮熬后食用，可清肺润燥。

（3）老桑枝煲鸡：用老桑枝 60g、雌鸡 1 只（约 500g），加水适量煲汤，加食盐少许调味后食用。

2　作茧自缚的蚕

蚕乃"天下神虫"，李时珍在《本草纲目》中称："蚕与龙同气，龙与马同神，故为龙身、马头者。"因此又将蚕称为"天驷龙精"。蚕是一种完全变态昆虫，一生要经过卵、幼虫、蛹、成虫 4 个时期（阶段）。经过驯化在室内饲养，又称家蚕，主食桑叶[4]。

2.1 蚕的药用

《本草纲目》第三十九卷虫部中写到蚕。蚕自死者，名曰僵蚕。李时珍曰："僵蚕，蚕之病风者也。治风化痰，散结行经，所谓因其气相感，而以意使之者也。又人指甲软薄者，用此烧烟熏之则厚，亦是此义。盖厥阴、阳明之药，故又治诸血病、疟病、疳病也[5-6]"。

2.1.1 白僵蚕的药用

（1）偏正头风、夹头风、两穴太阳痛：用白僵蚕为末，葱茶调服1匙。又方：用白僵蚕高良姜，等分为末。每服1钱，临卧时茶送下。1天服2次。

（2）突然头痛：用白僵蚕为末，每服2钱，熟水送下。

（3）风虫牙痛：用白僵蚕（炒）、蚕蜕纸（烧），等分为末擦痛处，等一会儿，用盐汤漱口。

（4）疟疾不止：用白僵蚕（直者）1个，切作7段，棉裹为丸，朱砂为衣。一次服，桃李枝7寸，煎汤送下。

（5）隐疹风疮：用白僵蚕焙过。研为末，酒送服1钱。

（6）小儿口疮（口中通白）：用白僵蚕炒黄，拭去黄肉毛，研为末，调蜜敷涂。立见效。

（7）刀斧伤：用白僵蚕炒黄，研末，敷涂。

（8）乳汁不通：用白僵蚕末2钱，酒送服。过一会儿，再服芝麻茶1碗，即通。

（9）崩中下血：用白僵蚕、衣中白鱼，等分为末，水冲服。1天服2次。

2.1.2 蚕茧（已出蛾者）的药用

蚕茧味甘，温，无毒。李时珍曰："蚕茧方书多用，而诸家本草并不言及，诚缺文也。近世用治痈疽代针，用一枚即出一头，二枚即出二头，神效无比。煮汤治消渴，古方甚称之。丹溪朱氏言此物属火，有阴之用，能泻膀胱中相火，引清气上朝于口，故能止渴也。"

（1）痘疮痂蚀脓水不绝：用出了蚕蛾的茧，以生白矾末填满。枯为末，擦之甚效。

（2）口舌生疮：蚕茧5个，包硼砂，瓦上焙焦为末，抹之。

（3）大小便血：用茧黄、蚕蜕纸（并烧存性）、晚蚕砂、白僵蚕（并炒）等分为末，入麝香少许。每服2钱，用米汤饮服。

（4）妇人血崩：方法同上。

（5）反胃吐食：蚕茧10个煮汁，烹鸡子3枚食之，以无灰酒下，日2服，神效。

2.1.3 蚕蜕

味甘，平，无毒。主治血风病，益妇人。妇人血风。治目中翳。

（1）吐血不止：蚕蜕纸烧存性，蜜和，丸如芡实大。含化咽津。

（2）牙宣牙痛及口疮：并用蚕蜕纸烧灰，干敷之。

（3）风虫牙痛：蚕蜕纸烧灰擦之。良久，盐汤漱口。

（4）小儿头疮：蚕蜕纸烧存性，入轻粉少许，麻油调敷。

（5）缠喉风疾：用蚕蜕纸烧存性，炼蜜和，丸如芡实大。含化咽津。

（6）熏耳治聋：蚕蜕纸作捻，入麝香2钱，入笔筒烧烟熏之。

（7）中蛊药毒：用蚕蜕纸烧存性，为末。新汲水服1钱。

（8）中诸药毒：用蚕蜕纸数张，烧灰，冷水服。

（9）小便涩痛不通：用蚕蜕纸，烧存性，入麝香少许，米汤饮服每服2钱。

（10）崩中不止：蚕蜕故纸1张（剪碎炒焦）、槐子（炒黄）各等分，为末。酒服立愈。

（11）痔漏下血：蚕蜕纸半张，碗内烧灰，酒服。

2.1.4 蚕蛹的食疗

中医学认为，蚕蛹性味甘、温、咸、辛，归脾、胃、肾经。有温阳补肾、祛风除湿、健脾消积之功，适用于肾阳亏虚、阳痿遗精、风湿痹痛、小儿疳积等。《本草纲目》言其"治小儿疳瘦，长肌，退热，除蛔虫"。药理研究表明，蚕蛹含脂肪 28%～30%，蛋白质 56%～63%，还含有钙、磷、铁等矿物质，丰富的维生素及激素等成分。所含的蛋白质易被水解，且与人体蛋白质相似，人体吸收率在 90%左右。因此，食蚕蛹既可补充脂肪、蛋白质和多种维生素，又可增加脑细胞活力，提高思维能力。蚕蛹含有丰富的甲壳素，其提取物名壳聚糖。研究表明，甲壳素、壳聚糖具有提高机体免疫力、强化肝脏等功能[7-8]。

（1）核桃炖蚕蛹：核桃仁 150g、蚕蛹 80g、肉桂 5g。先将肉桂洗净，研成极细末。将蚕蛹洗净，晾干后略炒一下，与核桃仁同放入大碗内，加水适量，调入肉桂末，搅拌均匀，隔水炖熟即成。每日 1 剂。可补益肝肾、健脑益智、温肺润肠、乌须黑发，适用于精血不足之腰膝酸软、夜尿频多、阳痿遗精、须发早白及肺结核等。

（2）蚕蛹炒韭菜：蚕蛹 50g、韭菜 200g，调味品适量。将韭菜、蚕蛹分别洗净备用。将炒锅置火上，放入油，将沥净水的蚕蛹略炒，再放入韭菜段，加入姜末、精盐、味精翻炒均匀，即可装盘上桌。可补气养血、温肾助阳、消除疲劳，适用于高血脂、高血压、动脉硬化、阳痿遗精或便秘等。

（3）炸蚕蛹：蚕蛹、植物油、调味品各适量。将蚕蛹洗净，控干水分后备用。炒锅放入植物油，烧热，炸蚕蛹，再倒出多余的油，稍留底油，加热后炒葱、姜、蒜，调味后即成。可降脂减肥，适合高脂血症患者等。对肝炎、心脑血管等疾患有辅助治疗作用。

（4）蚕蛹酒：蚕蛹 100g、米酒 500g。蚕蛹洗净控干水分，放入米酒容器内,共浸 1 个月后即可饮用。每日 1 次,每次 2 匙。有和脾胃、除疲劳、益肝肾之功,适用于阳痿遗精、脾胃虚弱者。

(5)蒸蛹肉:蚕蛹 50g、精羊肉 150g、核桃仁 100g、调味品适量。将羊肉洗净,切片,与蚕蛹入油锅中略炒至变色后,放碗内,加核桃仁、葱花、姜末、食盐、猪油、味精等,蒸熟服食。可补肾壮阳,适用于肾阳亏虚所致的阳痿、性欲淡漠等。

(6)胎盘蚕蛹方:胎盘、蚕蛹各等量,蜂蜜适量。将胎盘、蚕蛹烘干研末备用,每取 5g,每日 3 次,蜂蜜水冲服。可健脾温肾,适用于胃下垂致纳差消瘦、呃逆频频、舌红少苔、气短乏力等。

3 桑、蚕的品格与精神

在古人的心目中,桑树乃是一种神树。先秦两汉魏晋的方术书中,就普遍将桑树看作神树。西汉东方朔所著《神异经》云:"东方有桑树焉,高八十丈,敷张自辅。其叶长一丈,广六七尺,其上自有蚕,作茧长三尺。缲一茧,得丝一斤。有椹焉,长三尺五寸,围如长。"《太平御览》卷九五五则又改成"曰扶桑"。这至少可见北宋时人心目中桑与传说中的神木扶桑是一回事,而这神树上的蚕也具神异,竟一个茧就能有 1 斤丝。不仅如此,两汉魏晋的文献还传说吃了这种桑树的果实后能成仙,乃是一种不死树(见《海内十洲记》)。

李时珍的《本草纲目》木部卷三六木之三"桑"条引徐锴对《说文解字》的注解:"桑,音若,东方自然神木之名,其字象形。桑乃蚕所食,异于东方自然之神木,故加木于下而别之。"桑树的这种神性背后总是隐藏着某种品格,桑树是生命之木。桑树生长数百年并不少见,甚至可寿达千年;与此同时,它又极易成活,几乎随便剪一个枝条扦插都能萌发成新株。这种易生之木都会因这一特质而受人崇拜，张哲俊在《杨柳的形象：物质的交流与中日古代文学》中指出，《诗经》中所谓的"南山之桑，北山之杨"不仅仅是比兴，两者也有关联，即它们都生命力极强。俗语"柳树上着刀，桑树上出血"，虽是比喻代人受过，但两者并举，恐怕古人已注意到，它们都蕴藏着某种生命力。唐欧阳询主编的《艺文类聚》卷八八木部上"桑"条引《典述》："桑木者，箕星之精，神木也。虫食叶为文章。人食之，老翁为小童。"这里说的"箕星"乃是风神，而风在古人心目中是宇宙之间流动的气，正如人的呼吸一样，象征着生命。在此竟然认为虫食桑叶可呈现神秘纹样，而人食后可以返老还童[9]。

蚕，"为报罗敷饲养情，不惜作茧缚余生"。大地始为洪流，继为泽薮，卒为阡陌，此乃沧海桑田之变。自然界蚕的一生，从蚕卵到幼虫到蛹到蛾，这个过程就像人的一生，古人从中得到启发，认为人死后灵魂升天就像蚕蛹化蝶（蛾）一样，人死后用丝织物裹起来，这样就可以升天，引导亡者到极乐世界。还有桑叶，蚕吃了桑叶也可以升天。所以桑树林就变成了非常重要的地方。古人祭祀、求雨、求子基本上都会去桑林里面，并且还从桑枝中想象出一种扶桑树，扶桑树就是通天树，是太阳栖息的地方，这样扶桑树就跟太阳联系在一起了。人们把蚕的一生跟人的一生联系在一起，天人合一的思想正是人类长治久安的不二法门。"作茧自缚"同样是蚕的可贵精神。蚕，它吃下的是绿色的桑叶，吐出来的是白色的蚕丝，这是一种自然现象。然而仔细分析这种现象，却也很有意思。原来，新鲜的桑叶中除大量的水分外，还含有蛋白质、糖类、脂肪、矿物质、纤维素等，蚕吃进桑叶后，将桑叶中有用的物质吸收，把无用的多余的物质排出体外，又在自己身体内把吸收的物质进行一系列加工，然后把经过加工形成的氨基酸制成丝素、丝胶等蛋白质，而后形成蚕丝。蚕吐出来的蚕丝，不仅光洁柔软、富有弹性，而且耐磨、耐拉。

蚕要作茧，总得自缚。蚕在作茧的时候，既不吃也不喝，只是不停地吐丝，直到它吐完最后一口丝，便静静地躺在自己织好的茧里，默默地结束自己的一生。唐代诗人李商隐的一句"春蚕到死丝方尽，蜡炬成灰泪始干"，把蚕的执着、坚贞、奉献精神诠释到了极致，成为千古传唱的绝句。蚕成为勤劳、敬业的标杆，得到人们的尊重和喜爱。同时由蚕的作茧自缚让人浮想联翩：借春蚕比喻勇于上进的人那种难能可贵的献身精神；把蚕茧比喻成胆小怕事的人自缚的牢笼，自喻要自己约束自己；以作茧比喻人要知足，要急流勇退……这些比喻很形象也很深刻，还有那些过于锋芒毕露的人，如若能"自缚"，岂不是能少碰许多钉子？那些偶有胡作非为的人，若能"自缚"，岂不是能少触碰了多少刑律？反观那些能遵纪守法、安分守己的人，他们奉行的信条，难道不也是"自缚"吗？是的，人就应该"作茧自缚"，否则，人的自私、贪婪、邪念、罪恶等，又怎么能够得以约束呢？从某种意义上讲，"作茧自缚"标志着人的一种自我约束、大公无私、一心奉献、自我牺牲的纯洁高尚的精神[10]。

参考文献

[1] 本草纲目彩色图鉴（第一卷）[EB/OL].（2019‐03‐31），简书，https：//www.jianshu.com/p/8c39492818e1.

[2] 健康领域创作者. 一种全身上下，包括寄生物，都可以入药的神奇树种 [EB/OL]. 健康医对一（2017‐3‐13），https：//www.360doc.cn/article/29291909_636420929.html.

[3] 《本草纲目》在线阅读 [EB/OL]. 古诗文网，https：//www.gushiwen.org/guwen/bencao.aspx.

[4] 蚕 [EB/OL]. 中文百科，（2011‐3‐22），http：//www.zwbk.org/mylemmashow.aspx? lid=132975.

[5] 李时珍.《本草纲目》虫部——蚕[M]. 北京：人民卫生出版社，1957.

［6］ 僵蚕（《本经》）［EB/OL］. 百度文库，（2018 - 10 - 04），https：// wenku. baidu. com/view/fd4c6e3549d7c1c708a1284ac850ad02de80072d. html.

［7］ 经典六款温肾壮阳蚕蛹食疗药膳［EB/OL］. 太平洋亲子百科，（2010 - 5 - 21），https：//www. pcbaby. com. cn/tags/％E5％A3％AE％E9％ 98％B3％E8％8D％AF％E8％86％B3/.

［8］ 六款经典温肾壮阳蚕蛹食疗药膳［EB/OL］. 天涯社区，（2008 - 06 - 02），http：//bbs. tianya. cn/post - 738 - 375 - 1. shtml.

［9］ 维舟. 桑树是神树，蚕是神虫，丝绸由此而来［EB/OL］. 澎湃新闻，（2019 - 11 - 19），https：//www. thepaper. cn/newsDetail ＿ forward ＿ 1842940.

［10］ 扶风豪士. 本草中药谱（一）蚕［EB/OL］. 新浪博客，（2008 - 09 - 18），http：//blog. sina. com. cn/s/blog ＿ 4c71d1a40100avas. html.

第三章　蚕桑文化篇

《山海经》之桑说

《山海经》是一部旷古奇书，全书十八卷，被当今众多学者称之为中国古代百科全书。在这部中国先秦古籍中，记述着天文地理、历史文学、医学生物、宗教民俗、绘画艺术、神话传说、奇闻佚事等丰富知识，承载着江河湖泊、高山峻岭、地下矿藏、地上万物等自然资源。笔者纵观其书，细细品读，掩卷沉思。在众多对桑的描写中，桑被赋予不同的称谓：桑、扶桑、空桑、三桑、帝女桑，再现了上古时期丰富的桑树资源，展现了桑树斑斓神异的身世风霜。

1　桑，自然意义上的植物

桑，直呼桑树为"桑"的文字，在《山海经》中为数众多，此桑当指自然意义上的植物。

《山海经·东山经》记载："又南四百里曰姑儿之山（在山东省境内），其上多漆，其下多桑、柘（柘树）。又南三百里曰岳山（疑即泰山），其上多桑，其下多樗（臭椿树）。"《山海经·西山经》记载："北二百里曰鸟山（四川盆地范围内），其上多桑，其焉多楮。"《山海经·中山经》记载："谷山（河南省渑池县境内），其下多桑。大尧之山，其木多梓（梓树）、桑。诸之山，其上多桑。鸡山（河南省境内），其上多美桑（指优良之桑树）、多桑。雅山（河南省南阳境内），其上多美桑。衡山（湖南省衡阳境内），其上多桑。丰山（湖北省境内），其木多桑。隅阳之山（重庆市万洲大横山），其木多梓、桑。夫夫之山，其木多桑、楮（构树）。宣山（河南省泌阳县境内），其上有桑焉。即公之山，其木多柳、杻、檀（柳树、杻树、檀树）、桑。紫桑之山（江西省紫山县境内），其木多柳、芑（枸杞）、楮、桑。视山，其上多桑。"

从地域范围看，《东山经》中指的是今山东和安徽省。《西山经》中指的是今秦岭以北、甘肃省、青海湖一线及新疆东南角。《中山经》中指的是今重庆市、四川、湖南、湖北及河南省部分地域。上述东、西、中覆盖地域的桑资源分布，以中山一带桑树分布甚广，当属这3大区域之首。

2 桑，上古先民心目中的神树

原始崇拜往往有着深刻的物质动因。桑树提供了人类赖以生存的物质基础，在原始宗教信仰和传说中，桑树是生命树的象征，是上古先民心目中的神树。

扶桑，指神木。《山海经》《楚辞》《淮南子》《神异经》《十洲记》等均有记载。《山海经·海外东经》记载："汤谷上有扶桑，十日所浴，在黑齿北，居水中。有大木，九日居下枝，一日居上枝。"意为：河谷边上有一棵扶桑树，是十个太阳洗澡的地方，在黑齿国的北面，大水中间，有一棵高大的树木，九个太阳停在树的下枝，一个太阳停在树的上枝。《十洲记》记载："扶桑在碧海之中，地方万里，上有太帝宫，太真东王父所治处。地多林木，叶皆如桑。又有椹树，长数千丈，大二千余围。树两两同根偶生，更相依倚，是以为扶桑。仙人食其椹，一体皆作金光色，飞翔空玄。其树虽大，叶椹故如中夏之桑也。但椹稀而叶赤，九千岁一生实耳。"意为：扶桑所处之地，多林木，树叶皆如桑，树两两同根偶生，有椹树，长数千丈，大二千余围，椹稀，仙人食之，体色光色，会飞，九千年生一次实，叶赤，叶和椹如中夏之桑，即中原泛指黄河流域。

空桑，一个陌生的名词。笔者几经查证，空桑有以下几层含意[3]：

一是传说中的山名。《山海经·东山经》记载："《东次二经》之首曰空桑之山，北临食水，东望沮吴。"郝注云："此兖地之空桑。"《荒史》记载："空桑，兖地也。"兖地当指鲁东豫西之域，属古九州之一的兖州。《楚辞·九歌·大司命》记载："君回翔兮以下，逾空桑从女。"王逸注："空桑，山名。"

二是指地名。《山海经·北山经》记载："又二百里，曰空桑之山，无草木，冬夏有雪，空桑之水出焉，东流注于虖沱。"《山海经广注》吴任臣注曰："空桑有二，《路史》云：'共工振滔鸿水，以薄空桑'。其地在莘、陕之间。伊尹，莘人，故《吕氏春秋》《古史考》俱言尹产空桑。"空桑之城在今开封陈留三十里。兖地亦有空桑，其地广绝，高阳氏所尝居，皇甫谧所谓："广桑之野。"《春秋演孔图》及干宝所记："孔子生于空桑、皆鲁之空桑也。"郝懿行说还有一个空桑在赵、代之间。以上称之为空桑之地的有四个：莘、陕之间，陈留，兖州，赵、代之间。

三是指瑟名。古代于夏至祀地奏乐用。《楚辞·大招》记载："魂乎归徕，定空桑只。"王逸注："空桑，瑟名也。"北周庾信《周五声调曲·变宫调二》载："孤竹调阳管，空桑节雅弦。"《汉书·礼乐志二》载："空桑琴瑟结信成，四兴递代八风生。"颜师古注："空桑，地名也，出善木，可为琴瑟也。"

四是指空心桑树。传说中，空心桑树为上古伟人降生的地方。《吕氏春秋·古乐》记载："帝颛顼生自若水，实处空桑。"

郦道元《水经注·伊水》记载："昔有莘氏女，采桑于伊川，得婴儿于空桑中，言其母孕于伊水之滨，梦神告之曰：'臼水出而东走，顾望其邑，咸为水矣'。其母化为空桑，子在其中矣。莘女取而舍之，命养于疱，长而有贤德，殷以为尹，曰伊尹也。"伊尹后来成为开国君主成汤的名相。《史记正义》记载："（叔梁）纥与颜氏女野合而生孔子，祷于尼丘得孔子。"《括地志》记载："干宝《三日记》云'（颜）征在生孔子空桑之地，今名空窦，在鲁国南山之空窦中。'"《春秋纬·演孔图》记载："孔子母征在游于大冢之陂，睡，梦黑帝使请已。已往，梦交。语曰：女乳必于空桑之中，觉则若感，生丘于空桑之中，故曰玄圣。"孔子（公元前479—551年），名丘，字仲尼，春秋末期鲁国陬邑（今山东曲阜南）人，其父叔梁纥（叔梁为字，纥为名），母亲颜征在。叔梁纥先娶施氏，生9女。又娶妾，生1子，名伯尼，又称孟皮，孟皮脚有毛病，其父很不满，于是叔梁纥又娶颜征在。时下叔梁纥已66岁，颜征在还不到20岁。

五是指非父母所生，来历不明者。《旧唐书·傅奕传》记载："萧瑀非出於空桑，乃遵无父之教。"元无名氏《陈州粜米》第一折："此生不是空桑出，不报冤雠不姓张。"明宋濂《金华张氏先祀记》："人非空桑而生，孰不本之于祖也。"明沉鲸《双珠记·与珠觅珠》："古人一举足而不忘父母。小侄身非出於空桑，顶冠束带，立于天地之间，列於缙绅之末。"

六是指古姓氏。在中国的百家姓中，有一个桑姓，《姓谱》及《万姓统谱》记载："出自少昊的穷桑氏，子孙以桑为氏。"古代的穷桑，位于现在山东曲阜的北方，而少昊君临天下之后，都城就设在曲阜。少昊又称金天氏。后来因居住在穷桑，并在他居住期间登上帝位，所以又号称穷桑氏。其子孙部分以他的号为姓氏，称穷桑氏，简化为桑氏。穷桑氏后改为单姓穷。

七是指僧人或佛门。元杨载《次韵钱唐怀古》："空桑说法黄龙听，贝叶繙经白马驼。"清龚自珍《摸鱼儿·乙亥六月留别新安作》词："空桑三宿犹生恋，何况三年吟绪!"三桑，《山海经·北海经》记载："又北水行五百里，流沙三百里，至于洹山，其上多金玉，三桑生之，其树皆无枝，其高百仞。"洹山坐落在北海岸边。山上蕴藏着丰富的金属矿物和玉石。山中生长着一种三桑树，这种树不长枝条，树干高达一百仞。另《山海经·海外北经》记载："三桑无枝，在欧丝东，其木长百仞。知范林方三百里，在三桑东，洲环其下。"《山海经·大荒北经》记载："丘方圆三百里……竹南有赤泽水，有三桑无枝。"在古代，7～8尺为一仞。"其高百仞"和"木长百仞"，乃参天大树状，桑树否？究为何物？"三"，在汉语词典中具有数量多之意。"三桑"称谓的起源或其真实含意，尚无从考证。是指桑树之种属，还是取其桑树之多，或指其他，都有待探究。

帝女桑，《山海经·中山经》载："又东五十五里曰宣山，沦水出焉，东南流注于视水。其上有桑焉，大五十尺，其枝四衢，其叶大尺馀，赤理黄华青柎，名曰帝女之桑。"意思是说，宣山上有一种桑树，树干合抱，有50尺粗细，树枝交叉又伸向四方，树叶方圆1尺多，红色的纹理，黄色的花朵，青色的花萼，名帝女桑。何为帝女桑？《太平御览》记载："炎帝的小女拜神仙赤松子学道，后修炼成仙，化为白鹊，在南阳愕山桑树上做巢。"炎帝见爱女变成这般模样，内心难过，唤女下树，其女就是不肯。于是炎帝用火烧树，逼女下地。帝女在火中焚化升天。此桑树被命名为"帝女桑"。

3　桑，文化的载体

桑在为人类提供生存物质基础的同时，也滋养着人类文化的前行。任何一种文化都有其丰富的文化形态，根据不同的特质把它称为某种文化。桑文化以桑为载体，是桑与文化的有机融合。

桑文化凸显中国古代民俗的形式和内容。从"扶桑""空桑"等典故中,不难看出古人对东方神木——桑树的崇拜之情。《淮南子·修务调》记载:"汤忧百姓之旱,以身祷于桑山之林。"成汤祈求上天降雨是为求神灵保佑农事丰收,以此也揭示了万物有灵的原始宗教意识,《庄子·养生主》有大地丰收"合于桑林之舞"的记载,体现古人把农耕作为祭祀的基本内容,展现个人原始的农业信仰[4]。

桑文化展示中国传统社会生产和生活模式。据史载,在商代之前,中原人或者说黄河中下游地区的先民就已在其住宅附近或耕地成片栽植桑树。殷商时期的甲骨文已有"桑"字,这充分反映耕织文化在远古时代的繁荣兴盛。《吕氏春秋》和《史记》中均有记载吴国王僚九年(公元前518年),吴楚两国边境女子争采桑叶引起一场战争的故事,此战中,吴公子光占领了楚国的居巢和钟离(今安徽巢县和凤阳县)。此役后不久,建都在今浙江绍兴的越国也被吴国打败。越王勾践在"十年生聚,十年教训"的复国方针中,"省赋敛,劝农桑",后终于强盛,灭了吴国。上面两个典故足以说明栽桑养蚕在传统农业中的重要地位。《孟子》记载:"五亩之宅,树之以桑,五十者可以衣帛矣。"由此也可看出在封建时代,栽桑养蚕受到历代统治者的高度重视,在农业生产和人们的生活中占有举足轻重的地位[5]。

桑文化变迁轨迹在历史长河的衍化中选择了向社会生产实践发展的流向,这是人类社会发展的必然规律。从桑文化的发展轨迹看,最初体现的原始宗教祀桑仪式和耕织文化使蚕桑产业得到了高度重视和迅速发展。随着横贯欧亚陆上的丝绸之路及海上丝绸之路的兴起,桑文化登上了中国历史上盛极一时的国际大舞台。桑文化在传播和传承中,伴随着文化的儒化和涵化,随着社会生产实践的发展,不断发生变迁,不断丰富其内涵[6]。

参考文献

[1] 《山海经》译文注释全本. 书包网，2010 - 06 - 25.

[2] 《山海经》白话版. 天涯在线书库，2013 - 05 - 22.

[3] 李奕仁，等. 2012，神州丝路行[M]. 上海：上海科技出版社，2012：38.

[4] 解晓红，范友林. 解读《山海经》中的蚕桑文化[J]. 丝绸，2006（1）：46 - 48.

[5] 王茜龄，余亚圣，余茂盛，等. 桑文化价值浅析[J]. 蚕学通讯，2012（1）：59 - 60.

[6] 顾海芳. 桑的文化蕴涵[J]. 牡丹江大学学报，2010（6）：3 - 4.

《诗经》之桑说

《诗经》又称"诗"或"诗三百"，是中国最早的诗歌总集。全书收录了自西周初年至春秋中叶（前11世纪至前6世纪）500多年间的作品共305篇。作为周代社会的百科全书，其内充满了极为庞杂的各色物象。《诗经》体裁上分为风、雅、颂三部分，修辞手法"赋""比""兴"。读《诗经》，人不由得掩卷而叹：真美！那上古时代林林总总的各色植物，穿越时空，枝枝蔓蔓，缠缠绕绕地在人眼前不停地摇曳。

《诗经》中，桑入诗计约20篇，是入诗植物143种里最具特质的名物之一[1]。其中《国风》13篇，小雅5篇，大雅与颂各1篇。分别为：卷二《墉风·桑中》《墉风·定之桑中》《卫风·氓》；卷三《郑风·将仲子》《魏风·汾沮洳》《魏风·十亩之间》《唐风·鸨羽》《秦风·车邻》《秦风·黄鸟》《曹风·鸤鸠》《豳风·七月》《豳风·鸱鸮》《豳风·东山》；卷四《小雅·南山有台》；卷五《小雅·黄鸟》《小雅·小弁》《小雅·隰桑》《小雅·白华》；卷七《大雅·桑柔》；卷八《鲁颂·泮水》。

由此可见桑作为一种特殊物象，在我国上古社会生活中占有非同寻常的地位。它与先民的物质及精神生活密切关涉，并由此创造出极为丰富的文化意蕴。

1　桑物象系列及其意义

在现代汉语中，"桑"作为词组包含有以下几层意思：一木名，二桑叶，三采桑，四植桑养蚕，五箕星（二十八星宿之一）之精，六为地名，七为姓氏。现就《诗经》中桑物象系列分述如下。

1.1 释为桑树、桑枝、桑叶、桑葚、桑根、桑薪，保留了桑的原始意义

关涉桑树。《小雅·南山有台》："南山有桑，北山有杨。"《唐风·鸨羽》："肃肃鸨羽，集于苞桑。"《郑风·将仲子》："将仲子兮，无逾我墙，无折我树桑。"以上均作桑树解，苞桑即桑树丛。凤应韶《凤氏经说》卷三："将仲子条曰：'古者作室，先筑围垣。庶人一亩之宫，环堵之室；折桑言于逾墙之下，则桑树宫墙之内'。"可知树桑就是栽种的桑树。《秦风·黄鸟》："交交黄鸟，止于桑。"《秦风·车邻》中"阪有桑，隰有杨"义类同，亦作桑树解。

关涉桑枝。《豳风·七月》："蚕月条桑，取彼斧斨，以伐远扬，猗彼女桑。"此之桑为桑枝。俞樾《群经平议》卷九引笺云："条桑，枝落之。又引正义曰：'于养蚕之月，条其桑而采之，谓斩条于地，就地采之也'。"乃可证。

关涉桑叶。《卫风·氓》："桑之未落，其叶沃若""桑之落矣，其黄而陨。"《魏风·汾沮洳》："彼汾一方，言采其桑""以伐远杨，猗彼女桑。"以上各例当解为桑叶。其中女桑（郭璞注《尔雅》谓"小而条长者为女桑"）、柔桑暗示了采桑之事归属女性。

关涉桑葚。《卫风·氓》中的"于嗟鸠兮！无食桑葚"释为桑葚或桑果。关涉桑根。《豳风·鸱鸮》："迨天之未阴雨，彻彼桑土，绸缪牖户。"臧琳《经义杂记》卷九"古文杜为土"条曰："诗·鸱鸮：'彻彼桑土'。《传》：'桑土，桑根也'。《释文》：'桑土，《韩诗》作杜，义同'。谓《韩诗》经作杜，字义与毛同，亦训桑杜为桑根也。"由此可知，桑土即桑根。

关涉桑薪。《小雅·白华》："樵彼桑薪，卬烘于煁。"《诗三家义集疏》王先谦云："以桑而樵之为薪，徒供行灶烘燎之用。"释为烧柴。

1.2　释为动词采桑意义

例：《魏风·十亩之间》："十亩之间兮，桑者闲闲兮，行与子还兮。"王先谦《集传》："桑者，谓采桑人。"王质提出"采桑说"，认为此诗描述了魏国采桑养蚕的风俗："魏俗多以蚕为业，以缣转食，盖地势隘而稼事不为广也。蚕月，壮者用力于外，弱者用力于内，昼夜奔疲，今其风尚如此。"（夏传才，《诗经要籍集成》）上述可证，释为动词采桑。

1.3　释为地点名词意义

上古先民初始采桑时并没有一定的场所，当时是采野生的桑树叶。后来学会了植桑，于是采的地点较为固定了，也因此给这些地方起了些与桑相关的名称，诸如桑田、桑中之类。

《鄘风·定之方中》："定之方中，作于楚宫""灵雨既零，命彼倌人，星言夙驾，说于桑田。"《诗经赏析》："注释，楚，楚丘，地名，在今河南省滑县东，濮阳西。"《左传·僖公二年》："虢公败戎于桑田。"唐，韦应物《听莺曲诗》："伯劳飞过声跼促，戴胜下时桑田绿。"此例二层含意：一是地名；二是专指植桑之田。《鄘风·桑中》："爰采唐矣？沫之乡矣。"《诗经赏析》："沫，卫国邑名，即牧野，今河南省淇县北。"《诗地理考》："桑中，孔氏曰：《谱》：'东及兖州，桑土之野'，今濮水之上，地有桑间。濮阳在濮水之北，是有桑土明矣。"《诗经译注》："桑中，卫地名，亦称桑间，在今河南省滑县东北。"此例释地名。《豳风·东山》："我徂东山，慆慆不归。"《诗经赏析》："东山在今山东省境内，周公伐奄驻军之地。"此例亦当释地名[2]。

2　桑物象的文化意蕴

"在文学作品的表层文化征象背后，总是沉淀着某种深层文化内核，残留着一个民族进化历程中所遗传下来的文化基因，潜藏着文化历程中最丰富、最稳定的东西"（摘自畅广元主编《文学文化学》)。《诗经》作为中国上古社会第一部诗集，与中国古老文化源头相偎更近，进而使这种"文化内核"表现得尤为清晰，无处不打着华夏原始先民生活状态和"文化基因"的厚重烙印[3]。

2.1　桑在上古社会生活中具有普遍性意义和很高的地位

在传说中的神农氏时代，先民们尝试定居和耕种。夏商周时逐渐确立了男耕女织的社会生活模式，因此桑树在中国古代的家家户户广为种植。采桑养蚕之风在《诗经》时代已相当盛行。《豳风·七月》："春日载阳，有鸣仓庚。女执懿筐，遵彼微行，爰求柔桑。"在阳光明媚的春日，在黄莺婉转悦耳的鸣声里，一群美丽勤劳的姑娘们手拿筐子，在野外采摘桑叶。"五亩之宅，树之以桑"（《孟子·梁惠王上》），成为百姓们安居乐业的必备条件。桑，由于带有衣食之源的不可或缺性，倍受广泛关注和赋予厚重的情感，并得到统治阶层的特别重视和推崇。《鄘风·定之方中》有卫文公"降观于桑""星言夙驾，说于桑田"的诗句。据载，约公元 660 年，卫被狄攻破，卫文公迁都楚丘，进行了一系列改革后，使卫国大有改观并得以振兴，而扶植农桑就是其中一项重要举措。所以才有了下马看桑田的描写。《豳风·鸱鸮》："彻彼桑土，绸缪牖户。"记述周公未雨绸缪，为成王打理国家，特别阐明他用桑根缠绑门窗的举措细节。《礼记》载："古者天子诸侯，必有公桑蚕室，近川而为之。"《管子·牧民》载："藏于不竭之府者，养桑麻，育六畜也。"《淮南子·主术训》言："教民养育六畜，以时种树，务修田畴，滋植桑麻。"此外，当时尚有皇帝或皇后举行蚕桑仪式的记载。《白虎通》载："王者所以亲耕后亲桑何？以率天下蚕农也。天子亲耕以供郊庙之祭，后之亲桑以供祭服。"文学作品归根到底是相应社会生活的反映，《诗经》中桑物象的反复入诗，正是基于桑在当时的实际生活中普遍存在的重要价值与崇高地位。

2.2　桑用来比兴，盛赞美好或高尚的人或事

桑物象的出现，往往与美好、高尚的人或事联系在一起。《魏风·汾沮洳》："彼汾一方，言采其桑。彼其之子，美如英。"此诗句以农家一女子的口吻盛赞一位在汾水河畔采摘蹄菜的男子，具有美玉之质。《曹风·鸤鸠》："鸤鸠在桑，其子七兮。淑人君子，其仪一兮。其仪一兮，心如结兮。"用鸤鸠起兴，比喻君子爱民如一。无论是鸤鸠还是桑，都是美好的意象，将两者放在一起同时运用，更加凸显出君子专一的品性。《小雅·南山有台》："南山有桑，北山有杨。乐只君子，邦家之光。"颂扬了宾客堪为邦家的基础和荣耀。

桑在诗人心中，总是一个美好的象征。然而这种修辞上的深度绝不是仅凭桑物象的现实意义和朴素的喜爱及尊崇之情就可以达成的，真正依靠的还是一种文化的内核，即宗教意义的叠加。赵沛霖先生认为：兴的起源植根于原始宗教生活的土壤中，它的产生以对客观世界的神化为基础与前提。中国最原始的文化形态是以巫觋为主要担负者的巫官文化。在那个万物有灵的时代，原生态的文化与泛神论的原始宗教紧密相连，而对树木的崇拜和信仰，则是最古老的情结之一。而桑，正是殷商时代的社树。《淮南子·修务训》："汤忧百姓之旱，以身祷于桑山之林。"《路史·余论六》则直接定义："桑林者，社也。""桑林"成了殷社的名字，社祭时的乐章因此也有"桑林之舞"之称（《庄子·养生主》）。桑树之所以能从其他各类社树中脱颖而出，成为一种特殊符号，当然不是因为幸运，而是因为社会经济和民俗生活层面上的原因。以桑林为社，以桑为社树，一是殷商时代桑树的广泛种植、蚕桑业发达这种社会现实的直接反映；二是殷人对蚕桑的价值及在农业生产中重大意义的认可与重视。这样，桑树与社祭结合起来，其宗教意义和现实意义融为了一体，桑的神圣尊崇衬托了社祭的神圣尊崇，而社祭的神圣尊崇又反过来强化了附加于桑

之上的宗教文化色彩，使桑的形象具有了与社祭等同的至高无上性。

2.3　桑与男女情爱的显著关联

从《大雅·瞻卬》的"妇无公事，休其蚕织"之中，我们知道当时妇女主要的生产活动就是采桑养蚕，不难想象美丽的女子在春日青翠桑林出没的情景。花多必然引蝶，这是最简单的道理。想象往下延伸，繁茂的桑叶遮挡着外面人的视线，松软的土地散发着原始的野味，柔轻鲜嫩的桑枝条不计成本地挥洒着春光的气息……桑林，这实在是一个男女谈恋爱、收获爱情的绝佳场所，一个美丽的伊甸园。《诗经》中以桑明写或暗喻情爱的例子比比皆是。《鄘风·桑中》："爰采唐矣？沬之乡矣。云谁之思？美孟姜矣。期我乎桑中，要我乎上宫，送我乎淇之上矣。"诗中描写了卫国青年男女在桑林中幽期密约，"桑中"一词成了男女欢会的代名词。《汉书·地理志》引此诗云："卫地有桑间濮上之阻，男女亦亟聚会，声色生焉，故俗称郑卫之音。"《魏风·十亩之间》："十亩之间兮，桑者闲闲兮，行与子还兮！十亩之外兮，桑者泄泄兮。行与子逝兮。"这是一首甜蜜浪漫的恋歌，在春意盎然的桑林，采桑女子悠闲自在，桑女约会恋人同行。十亩桑林之外，采桑人悠然自得，桑女期盼与意中人同去寻一个幽静之所。诗中桑女多情而浪漫，爱得自然而纯真。《小雅·隰桑》："隰桑有阿，其叶有难，既见君子，其乐如何。"诗中以洼地桑树长得特别美，桑叶嫩又肥起兴，女子终于看到了自己心爱的人，那份快乐无法言说。桑树的茂美如同女子与心爱人之间情意的浓蜜。

枝繁叶茂的树木自身就拥有生机盎然、蓬勃向上的特质，而桑树又格外被渗透了生生不息的文化精神和生命之源的原始崇拜之意。如前所述，以桑林为社，而桑社是祭祀祖先、掌管婚姻生育之神的圣地，那么它与男女情爱产生关联就不足为怪了。《周礼·地官·媒氏》载："中春之月，令会男女，于是时也，奔者不禁。若无故而不用令者，罚之。司男女之无夫家者而会之。"春日里，在桑林祀神求子的仪式中，男女可以纵情欢爱，不受约束，以此取悦神灵，来促成未婚男女的结合与已婚男女的求子成功。桑树本身是一种涂抹上浓浓生殖崇拜色彩的"生命神树"，桑自古以来又因被定义为女性专利的生产方式而带有阴柔意义，再加上这一传统礼俗，桑形象便成为表达婚恋情爱的一个普遍性、固定性的隐语，同时彰显出桑、桑林对于男女恋情的等值性意义[4]。

3 桑物象的衍化脉络

3.1 桑是中国古代农耕文化的象征，承载着丰富的文化信息

在上古社会，桑作为先民生活中的生存依托和居家伴侣，不可避免地被赋予了浓郁的宗教色彩。桑从一个普通的现实物象升华成具有厚重原始崇拜气息的图腾式符号。在上古社会原始崇拜习俗中，祭祀常与性爱结合在一起。桑是主要的社树，"桑林"成为祭祀的场所，而桑林里"高禖"之祭则使得桑林与男女欢会密切相关，"桑"进一步成为情爱生殖意蕴的代言者。至此，原始先民时代的桑林崇拜逐渐褪去了宗教神话色彩而回归人间，走向世俗，成为人们肯定、重视生命存在的一种象征。这是人类对自我认知的提升，也是对桑生殖力的崇拜转为自我肯定的结果。桑从现实生活中被遴选出来，渐渐返归人生，寄寓人类关于安宁、兴盛、美德、情爱等种种美好的情感。在这个衍变过程中，"桑林"是一个重要的语词词根，派生出桑间、桑野、桑田等众多集体性意象。而桑树的组成部分桑枝、桑叶、桑葚、桑根等也自然而然地承载了桑的整体含意，成为一系列具体性的意象。此外，桑在性爱生殖的意义叠加中，又被注入柔婉、美丽等情感成

分，即"桑柔""女桑"等经过情感修饰的复合性意象，"桑"这个基本的构词元素，就此渐进形成了一整套的语词系统[5]。

3.2 桑物象则完整而直观地反映了上古时代桑文化的全貌

依照美国学者莫尔干对于古代社会分期的界定，把殷商时代看作是野蛮时代的末期，那么西周就进入了文明时代。《诗经》正是诞生于中原史官文化对原始巫官文化的征服刚好完成的周代，也正是一个由巫术宗教文化向礼乐文化和理性文明过渡，由神话思维向艺术思维和理性思维过渡的时代。新的文化形态基本确立，但整个社会尚遗留着浓郁的原始巫官文化氛围。而《诗经》中的桑物象则很可能完整而直观地反映了上古时代桑文化的全貌。其后，经过孔子对《诗经》的再次整理，人类思想世界则基本成熟。对于桑物象而言，《诗经》时代的语境就渐趋丧失，但上古文化基因的遗传是无法抹杀的，这些根须深种于鸿蒙之中的因素并没有完全消弭，在沉淀的同时又历经了流变过程的洗礼。

首先桑物象的世俗意义突显。由于原始宗教崇拜的丢失，赋予桑之上的神圣及尊崇意义也随之渐失。桑走下社祭神坛融于平常生活，桑物象的世俗意义随之突显。"桑梓"作为家园的象征，"十亩之间，桑者闲闲兮。行与子还兮"的安然隐居梦也就自然成为后世诗歌的重要母题。后代桑意象主要出现在叙说农事、田园或隐逸生活的诗作中。陶渊明"云无心以出岫，鸟倦飞而知还"，一声"归去来兮"，回到了"鸡鸣桑树颠"的田园，开始了另一种全新的生活。孟浩然"把酒话麻桑"，在充满温馨的农桑家园里悠然自乐。而遭受贬谪游离之苦的苏轼，似乎也悟到了"胜固可佳，失亦可喜"的人生至理，陶醉在"日暖桑麻光似泼"的美景里，沉浸在"谁家煮茧一村香"的氤氲中，怡然自乐。就连念念不忘"了却君王天下事，赢得生前身后名"的辛弃疾，经过一番壮志难酬的挫折后，也终于欲说还休，归隐农桑间。"陌上柔桑破嫩芽，东邻蚕种已生些"，"花飞蝴蝶舞，桑嫩野蚕生"，面对如此宁静的田园风光，词人就握息了"醉里挑灯看剑"的万丈雄心。在这些诗词中，桑意象传达出农耕文化那种宁静、纯朴、恬淡的意蕴，折射出人们心中的家园情结，并自然而然地与隐逸文化达成了一种水乳交融的关系。

其次，桑物象与男女情爱主题的相关性在后世流变中被淡化。在汉立以后，儒教定为一尊，礼教盛行。《诗经》中发生在桑林的爱情故事多被儒家经师解释为讽刺"淫奔"作品，无怪乎罗敷拒绝使君相邀，秋胡妻不堪其夫之辱竟至投河。足见当时人们对男女之情已经相当节制。这时，作为生殖象征的桑的意义渐趋弱化。其后东晋清商曲辞有《采桑度》："冶游采桑女，尽有芳春色。姿容应春媚，粉黛不加饰。""春月采桑时，林下与欢俱。"南朝宋文学家鲍照的《采桑诗》亦云："季春梅始落，女工李蚕桑。采桑淇洧间，还戏上宫阁。"这里虽然仍把枝繁叶茂的桑林当作青年男女的纵情之处，但更多的是趁着春天采桑这一美好的季节"冶游""欢俱"，其生殖目的已退居次要地位。类此者还有"季春梅始落，女工事蚕桑。采桑淇洧间，还戏上宫阁"（《玉台新咏·采桑》），真可谓桑中之乐只剩下记忆，情爱欢俱已成为奢想。尽管《诗经》中桑物象与男女情爱主题的相关性在后世流变中被淡化，但并没有消失，而是恰到好处地转移到与桑相关联的两个物象"蚕"与"丝"之上去了[6]。

3.3　自周代至两汉，《诗经》中的桑物象意蕴历经了由宗教神化向人事理性的转换

宋词《采桑子》词牌的确立，抒写男女相思相恋的作品仍然保留了"指男女之私必曰桑中"的文化传统。不论何种转换或变迁，桑传达出的始终是一种美好的意蕴，始终与美的事物、美的追求联系在一起，这正是古往今来桑物象文化内涵最基本的一个相通性。

参考文献

［1］《诗经》赏析. 古诗文网，2014-02-12.

［2］ 李发，向仲怀.《诗经》中的意象"桑"及其文化意蕴［J］. 蚕业科学，2012（6）：1093-1098.

［3］ 张虹.《诗经》桑物象文化意蕴浅谈［J］. 渭南师范学院学报，2010（3）：46-49.

［4］ 袁君煊. 生殖崇拜投影下桑意象的文化内涵及其演变［J］. 新学术论坛，2008（1）.

［5］ 李长江.《诗经》时代的桑［J］.《青年文摘》官方网站，2013-08-02.

［6］ 戴靖芳. 试论桑主题的文化流变［J］. 重庆交通大学学报，2007（1）：83-85.

"桑"之意象的符号意义

——再读《诗经》

在现代汉语中，符号被定义为具有某种代表意义的标示，从而呈现出独特的艺术魅力。德国哲学家卡西尔在《人论》一书中指出："人类文化产生发展的过程就是一个不断符号化的过程，符号的创造、运用在人类文化传播发展过程中发挥了重要作用。"书中指出："符号化的思维和符号化的行为是人类生活中最富于代表性的特征。"而这些在"艺术中使用的符号是一种暗喻，一种包含着公开的或隐藏的真实意义的形象"[1]。

桑意象作为一类特殊的记录符号，在《诗经》的一些篇章中反复出现。它对人之生命的诠释、人间情感的交流、不同功能的传递，乃至对人性、社会、时代的深刻解读都发挥着独特作用，在不经意间，成就了人与自然的永恒缠绵。

1　生命符号，对人生的诠释

森林曾是人类的原始家园，它的茂盛葱茏及累累果实庇护人类在荒蛮的远古中生存。人类走出森林后，开始耕种，对森林血缘一般的情感，在桑林之中再次得到寄托与延续。在先民的精神家园里，原始宗教和神话的传说赋予桑特殊意味，桑树成为生命树的象征。

1.1　桑，生命之树

桑树是生命树的象征，这一认知源于先民对蚕的生命意识。我国石器时代的考古发现中，发掘了大量与蚕相关的纹饰和器物。浙江余姚河姆渡遗址中发现了蚕纹牙盅，河南安阳大司空村发现了殷商时期的玉蚕。先民崇拜蚕在生命蜕变过程中体现出生命再生的价值与意义。蚕的一生由卵而虫，由虫而蛹，由蛹而蛾的蜕变过程，使先民认定蚕有起死回生的神力。寻根求源是人之本性。人们在惊叹蚕的这种不断蜕变的外在生命形式时，总会思索蚕生命蜕变的动力和力量的来源，这自然也就使他们集中关注到桑树身上。是桑赋予了蚕华丽蜕变的不竭动力。这样桑便成为生命的创造者、延续和蜕变者的象征，进而衍生出体现生命力量和生命意义的宗教文化现象。《太平经·有过死谪作河梁戒第一八八》载："人有命树生天土各过，其春生三日命树桑……皆有主树之吏，命且欲尽，其树半生；命尽枯落，主吏伐树。其人安从得活，欲长不死，易改心志影响，使其树近天门，名曰长生。"此说"使其树近天门"，乃是一种移"命树"于西北的巫术行为。由此可见，古人很早就把桑树视为了生命之树[2]。

《曹风·鸤鸠》："鸤鸠在桑，其子七兮。淑人君子，其仪一兮。鸤鸠在桑，其子在梅。淑人君子，其带伊丝。鸤鸠在桑，其子在棘。淑人君子，其仪不忒。鸤鸠在桑，其子在榛。淑人君子，正是国人。"这是《诗经》中一首颂赞美君子的诗。朱熹《诗集传》曰："诗人美君子之用心均平专一。"其子七，其子"在梅""在棘""在榛"，可见桑是主，而梅、棘、榛在次。"七子"为约数，说明鸤鸠之子众多，象征了"君子"多子，人丁兴旺。而"鸤鸠在桑"，其子"在梅""在棘""在榛"则是说鸤鸠之子的"有序"，象征"君子"治家有理。而所有这些，都是以"在桑"为基础。因此，"桑"是生命根源的体现，亦是生命的体现，故而桑是生命之树[3]。

1.2　桑，生殖力的象征

桑树丛生易活，根系发达，再分枝能力强，耐砍伐。桑树对土壤的适应性广泛，是一种生存能力极为强盛的植物。桑树浓密翠绿的叶片，鲜红欲滴的桑葚都足以让迷信自然生产力的远古先民，把桑看成生殖力的象征。

赵国华先生在讨论花卉纹的象征意义时指出："以出土彩陶上的花卉植物纹样为依据，结合《诗经》中的相关材料，可推测中国的远古先民曾将多种植物作为女性生殖器的象征。"傅道彬先生通过对"社"的考察，也认为"所谓桑林的意义自然也是表现生殖的内容"。关于商朝名相伊尹和圣人孔丘的出生，都有"生于空桑"的传说。《吕氏春秋·古乐》载："帝颛顼生自若水，实处空桑。"《淮南子·本经训》载："舜之时影响，共工振滔洪水，以薄空桑。"这里四位圣贤的出生都与桑有关，足见古人对桑的强大繁殖能力的信仰[4]。

桑象征生命、生殖力这层意蕴，通过古人祀高禖的旧俗以及空桑人生的传说得到了最好印证。正如瑟洛特《象征词典》所言："从最普通的意义来说，树的象征意义在于表示宇宙的生命，其连绵、生长、繁衍，以及生养和更新的过程，代表无穷无尽的生命。"

1.3 桑，寓意珍视光阴

桑还是时间的象征。古人常以桑形容时间的长久、变化的巨大，故有沧桑之说。《后汉书·冯异传》载："失之东隅，收之桑榆。"《十洲记》中的扶桑是九千年一结果，味道甘香，显然已成"树精"。《典木》载："桑木者，箕星之精神，木虫食叶为文章，人食之，老翁为小童。"正是由于桑的年代久远，古人才认为老木已"成精"，具返老还童功效。

《太平广记·六十·麻姑引神仙传》载："麻姑自说云'接待以来，已见东海三为桑田，向到蓬莱，水又浅于往者会时略半也，岂将复还为陵陆乎'。"卢照邻《长安古意》载："节物风光不相待，桑田碧海须臾改。"李端《赠康洽》载："自信万物有移改，始信桑田变成海。"桑田是与人们息息相关的自然物，桑田变海的意象说明了时间的失去、光阴的流逝，同时衬托出社会沧桑、世事无常，人生短暂的哲理[5]。

唐·白居易《东南行一百韵》言："身方逐萍梗，年欲近桑榆。"唐·牟融《题山庄》言："东南松菊存遗业，晚景桑榆乐旧游。"魏·曹植《赠白马王彪》言："年在桑榆间，影响不能追。"上述诗中所言，日落西时，影仍留在桑树和榆树之间，故称日落处为桑榆间。日落表明一天行将结束，"桑榆"的意象隐喻了时间的流逝。唐·王勃《滕王阁序》："……东隅已逝，桑榆非晚。"诗意为早晨失去的东西，晚上争取再补回来。此处隐喻了过去的时光虽已逝去，然而珍惜当下，把握未来的岁月才是最重要的。

2 情感符号，诉说人间真情

《诗经》年代正是我国奴隶制向封建制转型的时期，生产力水平低下，自给自足的小农经济形式牢牢地把我们的祖先固定于农业生产的环境中。先民们朝朝暮暮、年复一年生活劳作在大自然的怀抱里，和地上万物零距离地亲密接触，大千世界的风云变幻、花开花落都能使先民们产生一种生命的共感。作为人的劳作对象的自然万物，其鲜活多彩的生命形态是那样地亲近可爱，而这些与他们的生活又息息相关、密不可分。诸如灼灼桃花，依依杨柳，爱求柔桑、集于苞桑、彻彼桑土、无食桑葚等，都自然地成为先民们求偶、婚配、渴望、思恋的美好寄托与象征。

2.1 桑中，爱情的伊甸园

在《诗经》中，有不少篇章借助植物寓意来交代人物活动场所，或使之渲染环境和营造特殊氛围，与诗的题旨融合一体。例如《鄘风·桑中》，其三章反复吟咏："期我乎桑中，要我乎上宫，送我乎淇之上矣。"此既暗示了爱情伊甸园桑林的特殊寓意，又淋漓尽致地表达了男主人公在桑林与情人幽会时的激动和幸福。同样以桑林为背景和象征，《桑中》从男性的角度传达出爱的甜蜜体验，《小雅·隰桑》则从女性的角度来体味爱的醉人心扉。"隰桑有阿，其叶有难。既见君子，其乐如何！"姑娘在桑林幽会了意中人，那人有着桑树般的美好气质，姑娘轻松愉快、心花怒放，初恋情怀跃然纸上。《魏风·汾沮洳》则是少女倾诉对仪表俊美男子的爱慕之情，"彼汾一方，言采其桑。彼其之子，美如英"。风景如画的汾水河畔，桑林里枝叶细嫩，充满着勃勃生机，弥漫着温馨气息，喻示着美好的情感和对未来的幸福憧憬。《魏风·十亩之间》则是一首甜蜜浪漫的恋歌。"十亩之间兮，桑者闲闲兮。行与子还兮。十亩之外兮，桑者泄泄兮。行与子逝兮。"在春意盎然的桑林里，采桑女悠闲自在，桑女约恋人一起同行。十亩桑林之外，采桑人悠闲自得，桑女期盼与意中人同去觅寻一处幽静之所，足见桑女多情而浪漫，且爱得如此自然而纯真。

2.2　桑林，弃妇的悔与恨

"弃妇诗"在《诗经》情诗中占有重要的地位，这对了解西周时期的家庭和婚姻生活有着重要启示[6]。

《氓》（《诗经·卫风·氓》），弃妇之辞。诗一、二章追求恋爱和结婚生活。女主人公"送子涉淇"，又劝氓"无怒"；"既见复关，载笑载言"，看得出是一个热情温柔的姑娘。诗三章写对恋爱和结婚的追悔："于嗟女兮，无与士耽！"诗四、五章写自己的美德和男子的负心，"三岁食贫"，"士也罔极，二三其德"。诗末章表达了她的悲痛心情和与之决裂的坚定态度，"躬自悼矣"，"反是不思，亦已焉哉！"诗顺着"恋爱—婚变—决绝"的情节，描述了女主人公被遗弃的遭遇，塑造了一个勤劳、温柔、坚强的女性形象。正如程俊英在《诗经译注》中所言，诗中女主人悔恨诉说自己的恋爱、结婚经过和婚后被虐被弃的遭遇，但她并不徘徊留恋，抱着"亦已焉哉"的决绝态度，展现了她刚毅的性格和反抗精神，彰显了古代妇女追求自主婚姻和幸福生活的强烈愿望。

《小弁》（《诗经·小雅·小弁》），弃妇的悲歌。诗中的她之所以被遗弃，是因为丈夫听信了别人的谗言。至于谗言是什么虽无从知晓，但从弃妇的反复陈述中可以知道她是清白的。因为娘家的双亲均已去世，弃妇被赶出家门以后，无家可归，她愁绪满怀，悲痛欲绝。诗开头就羡慕寒鸦归家，又说桑、梓乃父母所种，对他要恭敬，哪有不瞻望、依靠父母之理？显系对父母有留恋之情。诗中又有雉鸣求其雌。"无逝我梁，无发我笱"显系对丈夫的责望之词。《小弁》情文并茂，细腻地抒发了因自己被放逐而出生的忧愤哀怨，诗中或兴或比，或反衬或寓意，手法多变，布局精巧，很具艺术感染力。

《谷风》（《诗经·小雅·谷风》），弃妇的痴情。诗描述了一个被丈夫抛弃的妇女，诉说丈夫的无情和自己的痴情。全诗以第一人称口吻，叙述了弃妇的不幸遭遇。诗首章从被抛弃说起；诗二、三章叙述被弃；诗四、五章追求婚后的生活；诗六章以早年的恩爱岁月结尾。诗中这位弃妇对抛弃她的丈夫委婉地诉说和曲意地规劝，"以阴以雨""有洸有溃""就其深矣，方之舟之"，痴情地望其回心转意。尽管她的诉说催人泪下，只可惜感动不了喜新厌旧的丈夫。

西周时期，女性经济地位低下，经济上对男人的依赖，是"弃妇诗"大量产生的最深层原因。周人取得天下后，统治阶层把统治秩序规范化、理论化，进而形成了周礼。重男轻女、男尊女卑的观念在周礼中处处可见。首先，规定了妇女的从属地位。《说文解字》中："妇，服也。"《春秋谷梁·传隐公二年》中："妇女在家制于父，既嫁制于夫，夫死，从长子，妇人不专行，必有从也。"其次，妇女不得参与政事，如《土雅·瞻》："妇无公事，休其蚕织。"因此女性经济地位低下和礼法制度的束缚是"弃妇"产生的根本原因。

2.3 桑梓，他乡游子的根

"维桑与梓，必恭敬止。"（《诗经·小雅·小弁》）游子在外，每当望见那些桑树和梓树，心中便涌起莫名乡愁，便想起了故乡，想起了父母。桑梓，成了故乡的代名词，桑梓，种在了每一个思乡人的心头[7]。

无数古代名人学士，对桑梓一往情深，用"桑梓"作为怀念父母思念故乡的意象比喻。三国时期女诗人蔡琰《帮箹十八拍》云："生仍冀得兮归桑梓，死当埋骨兮长已矣。"西晋文学家陆机的《思亲赋》和南朝诗人谢灵运的《孝感赋》中亦分别有句言"悲桑梓之悠旷，愧丞尝之弗营""恋丘坟而萦心，忆桑梓而零泪"。这一用法在唐代诗文中更为常见，如"永怀桑梓邑，衰老茗为还"（李德裕《早春至言禅公法堂忆平泉别业》），"乡禽何事亦来此，令我心生忆桑梓"（柳宗元《闻黄鹂》）等，无不表达了诗人对故乡的眷念之情。古代中国的思乡诗词在整个诗词文化中占有重要地位，其影响颇为深远。究其游子思乡情怀产生的原因主要有血缘亲情意识、地缘乡土观念、空间转移带来的文化失落、现实生活的不顺或挫折造成的情感回归等诸多因素。

思乡情怀源于亲情难丢的桑梓之情和落叶归根的故土观念。如《诗经·小雅·采薇》："昔我往矣，杨柳依依，今我来思，雨雪霏霏。"此乃男女之思；《古诗十九首·行行重行行》："胡禹依北风，越鸟巢南枝。"此为思妇之诗；隋朝薛道衡《人日思归》："人归落雁后，思发在花前。"《汉乐府民歌·悲愤》："悲歌可以当泣，远望可以当归。"柳永《安公子》："万水千山迷远近，思乡关何处？"《八声甘州》："不忍登高临远，望故乡渺渺，归思难收。"都体现了诗人、词人对故人、亲人、朋友的眷恋和怀恋[8]。

思乡情怀源于出行远游至陌生环境，异域文化带来的困惑。唐·王建《十五日夜望月中寄杜郎中》："今夜月明人尽望，不知愁思落谁家。"司空图《漫书五首》："逢人渐觉乡音异，却恨莺声似故山。"诗中那些异乡风物，在游子眼中不过是"良辰美景虚设"而已。

思乡情怀还源于生活中的不顺或挫折滋生的失落。李白《春夜洛城闻笛》："此夜曲中闻折柳，何人不起故乡情。"杜甫《绝句》："今春看又过，何日是归年。"贺知章《回乡偶书》："少小离家老大回，乡音无改鬓毛衰。"能体现这类情感的诗词不胜枚举。真可谓游子的根永远深植在故土，桑梓在一代又一代人的记忆里叠加成故乡的象征，随风摇曳的桑林梓林相伴着故乡的倩影渐行渐远。

3 功能符号，彰显多彩意蕴

由桑而蚕，由蚕而茧，由茧而丝，由丝而衣，由衣而礼，这一演进过程形成的蚕丝文化在华夏农桑文明中代代相传。英国功能文化学派代表马林诺史斯基认为文化是一个有机整体，由各个互相联系的文化要素所构成，其中每一个要素都行使一定的功能。蚕丝文化的功能具有多元性、转换性和确定性的特征。功能的多元性来自自然界和社会生活的丰富性，它能在不同文化层次上展开，具有满足、整合、改造、交流、标识、导向、教化等诸多作用。其转换性来自社会生活的渐进性，它能随蚕丝物质世界与人类社会的发展而适度变化。其确定性来自人类文化创造的目标性，是蚕丝文化传统定势形成的推力[9]。

3.1 满足需要与凝聚人心

马林诺夫斯基认为，文化与需要是密切相关的，文化的功能就是满足人类的需要。远古先民以桑葚和蚕蛹充饥，以野蚕丝织物遮体。丝绸服饰既满足人体保暖的生理需要，又以潇洒的美感满足人的审美需求。满足需要的功能催生蚕丝加工工艺的革新。与缫丝、织造工艺技术的发展相呼应，商周时期尤其是周代的炼染技术也有了很大的进步。据《周礼》记载，当时与染色工艺关系密切的官职设置有：征敛植物染料的"掌染草"，负责染丝、染帛的"染人"，还有"设色之工五"，即画、缋、钟、筐、慌5

种工师。蚕丝产业也是由最初的家庭式规模逐步发展，到周代形成了规模较大的作坊式生产。《周礼·天官》载有专职的"典妇功""典丝""缝人""染人"等机构，从配置的专职人员应可看出丝织业已成为国家机构的重要组成部分。蚕丝业的发展还促进了贸易的发展。《诗经·卫风·氓》中"氓之蚩蚩，抱布贸丝"的诗句即指用布换丝。齐国"阿缟"送至秦国，《史记·李斯列传》中记有"阿缟之衣"，裴骃集解引徐广曰："齐之东阿县，缯帛所出。"先秦丝织业的发展促进了贸易的发展，从而为汉代以后丝绸之路的开辟，为中华文化的传播起到重要作用。

文化的凝聚力来自文化认同中相同的思维模式，相同的道德规范、相同的价值观念和相同的语言与风俗习惯所产生的巨大的认同抗异力量。首先，蚕丝文化表现为具有共同的宗教礼仪行为。"桑林祷雨""祭祀先蚕"等无不渗入人们的集体无意识中。上至王公贵族，下至黎民百姓，都参与到这些例行的活动之中，每一次庄严的祭祀和礼拜，他们都极尽虔诚。由此产生一种认同抗异力量，自然彰显出蚕丝文化带来的凝聚功能。其次，表现为具有共同的信仰传统。"扶桑"的传说，从文字表述到图画描绘，多把它当作神树，是太阳的栖息地，巫师可以通过"扶桑"与上帝鬼神沟通。"蚕为龙精"体现了遵从时令的集体意识，玉蚕图腾体现了礼治的集体意识，这些共同的信仰亦能促进蚕丝文化的凝聚功能[10]。

3.2 社会交流与传递信息

诗三百具有不朽的文学价值，它在先秦时期特别是春秋时期，就其实用价值而言，作为社会交际手段，始终是贵族阶层、士大夫特别是外交官员不可缺少的重要工具。采撷《诗经》中的某些篇章断章取义的赋诗言志，扩展了原诗的含义。而"扩展"刚好是符号学的伟大成就。显然"扩展"在这里已变成了一个传递信息的符号。《左传》襄公二十八年卢蒲葵说"赋诗断章，余取所求焉"。可证，春秋时期的赋诗言志，断章取义，各取所求乃是通例。这种断章取义赋诗言志的方法，其特点就是扩展或转移原诗的含义，变成一个新的信息或符号。例证：《郑风·将仲子》全诗三章，这是一首女子委婉拒绝情人的诗，反映了爱情与礼教的矛盾。

《左传》襄公二十六年载："卫侯如晋，晋人执而囚之于士弱氏。（士弱，晋国之主狱大夫）。"秋，七月。齐侯、郑伯，为卫侯故，如晋……晋侯言卫侯之罪，（指卫臣殖绰杀晋戍三百人）使叔向（晋臣）告二君。国子（齐臣）赋《辔之柔矣》。（《辔子柔矣》为《诗经》逸诗。《周书·太子晋解》载："诗曰：'马之刚矣，辔之柔矣，马亦不刚，辔亦不柔，志气镳镳，取予不疑'。"国子赋此诗，义取宽政以安诸侯，若柔辔之御刚（烈）马，以此暗示应释放卫侯。）子展（郑臣）赋《将仲子兮》。晋侯乃许归卫侯。

这是齐、郑二国为了争取释放卫侯的一次聚会，齐国是强国，所以齐臣国子赋《辔之柔矣》暗示晋侯，不要因为执囚卫侯，失去大国的政治风度，于规劝中颇有指责之意。郑国是弱国，语气要更为柔婉，所以郑子展赋《将仲子》，义取"仲可怀也，人之我言，亦可畏也"是喻指国际舆论可能对晋国不利，希望晋侯能考虑国际舆论对晋国的不利影响而释放卫侯。这样，《将仲子》言爱情与礼教冲突的诗，变成了效忠晋国并希望晋侯能释放卫侯，以避免国际舆论对晋侯不利影响的意思。随着背景、场合情形对象的不同，完全改变了原诗的含义，但又利用原诗借题发挥，达到了既不得罪晋侯，又规劝晋侯释放卫侯的政治目的。由此可见，断章取义地赋诗言志，是春秋时代人们运用符号学原理的一大发明，这种"微言相感""借诗喻志"的社会交际手段，确实有着不可替代的妙用[11]。

3.3　教化社会激励世人

数千年来，历朝历代都有为蚕丝物质、精神生产做出突出贡献的人物，不论是国君大臣还是平民布衣，他们既是蚕丝文化主体的杰出代表，也是中华民族自强不息、艰苦奋斗传统精神的最佳体现者，他们在创造蚕丝文化的同时，又发挥着蚕丝文化的教化功能。王后嫔妃的"躬桑亲蚕"既是率先垂范，又含有技术的指导，《礼记·月令》所载的"香春之月……后妃齐戒，亲东乡躬桑"正是表达的"示帅天下"之意。"先蚕"之礼，原本是指"天子亲耕"和"王后、夫人亲蚕"的祭仪，这种行为是为了诚信，因为"诚信之谓尽，尽之谓敬，敬尽然后可以事神明。此祭之道也"（《礼记·祭祀》）。这种表示诚信的祭仪逐渐演变成祭祀蚕神的活动。"先蚕礼"成了教化百姓重视蚕桑的重要手段，体现出教化功能对社会及世人的重要影响[12]。

参考文献

[1] 张建宏. 论丝绸的文化隐喻与符号特征[J]. 丝绸，2011（9）：49-53.

[2] 陈庆纪. 中国古代文学的桑意象[J]. 大连理工大学学报，2001（2）：53-57.

[3] 汪萍. 中国古代文学中桑意象的象征意蕴[J]. 安顺学院学报，2008（4）：6-8.

[4] 雷国新，雷语，等. 古籍中桑崇拜民俗的文化生态学意义[J]. 蚕丝科技，2014（2）：29-32.

[5] 王青. 植物意象的文化解读[J]. 河海大学学报，2007（2）：59-62.

[6] 张更祯. 浅谈《诗经》中的"弃妇诗"[J]. 现代语文，2009（7）：13-14.

[7] 李幼常. 试析中国古代思乡游子之思乡情怀[J]. 江西科技学院学报，2006（6）：38-40.

[8] 丘河. 中国古代思乡诗词三论 [EB/OL]. 新浪博客，2008-07-07.

[9] 李金坤.《诗经》自然生态意识新探索[J]. 毕节学院学报，2009

（9）：67 - 73.

［10］　李发，向仲怀. 先秦文化论［J］. 蚕业科学，2014（1）：126 - 136.

［11］　张启成.《诗经》的社会交流功能和符号学——兼论赋诗言志风气形
成的原因［J］. 贵州社会科学，1988（10）：11 - 12.

［12］　李荣华，陈萍. 中国蚕丝文化概论［J］. 蚕学通讯，1997（3）：28 -
32.

古籍中桑崇拜民俗的文化生态学意义

1955 年美国人类学家斯图尔德创立了文化生态学，主要研究某种文化与其生存环境及特定人群的关系。有学者认为"它弥补了 20 世纪早期人类学家在进化论框架之下的许多不足，使人们更为清楚地认识了生物基础、文化形貌与自然生态环境三者之间的复杂关系"。目前国内外学术界对文化生态问题的研究，主要侧重于文化人类学和文化哲学两个研究视角。前者研究文化与环境的关系，后者研究文化具体形态之间的关系。本文试图从文化人类学视角出发，围绕人、环境和文化三者之间的相互影响、相互作用来理解桑崇拜民俗的文化生态学意义。

1　桑崇拜民俗的例证

桑崇拜在中国古代盛行非常，从"日出扶桑"到"桑林造人"，从"禹通台桑"到"汤祷桑林"等，都以不同方式彰显了上古先民对桑的神圣崇拜，这在先秦典籍及后世文学、民俗中均不难窥见一斑。

1.1　"日出扶桑"，最早出现在中国古代文学中对桑崇拜的神话传说里

《山海经・海外东经》记载："汤谷上有扶桑，十日所浴，在黑齿北，居水中。"《山海经・中山经》记载："又东五十五里曰宣山，沦水出焉，东南流注于视水，其有桑焉。大二十尺，其枝四衢，其叶大尺馀，青理黄华青附，名曰帝女之桑。"屈原在《离骚》中也幻想过扶桑："饮余马於咸池兮，揔余辔乎扶桑。"《神异经》记载："东方有树焉，高八十丈，敷张自辅，其叶长一丈，广六尺，名曰扶桑。"《十洲记》记载："扶桑在碧海中，上

有天帝宫，东王所治，有椹树，长数千丈，二千围，同根更相依倚，故曰扶桑，仙人食椹，体作紫色。"《玄中记》载"蓬莱东边的岱舆山上有扶桑树，高万丈，常有天鸡在上作巢""每夜至子时，则天鸡鸣，而日中阳鸟应之；阳鸟鸣，则天下之鸡皆鸣"。由于桑树在先民生活中提供了赖以生存的物质基础，他们把桑树当作"神树"，想象出了"扶桑"这一形象。然而神树不是桑树，却以桑树比拟命名，足见桑树在先祖心目中的特殊地位[1]。

魏繁钦《桑文赋》言："上似华盖，紫极比形；下象凤阙，万桷一楹。丛枝互出，乃错乃并。"晋郭璞《帝女桑赞》曰："爰有洪桑，生滨沧潭。厥围五丈，枝相交参，园客是采，帝女所蚕。"由此可见，无论是民间的神话传说，还是魏晋文人笔下的桑、扶桑，都是形体高大、枝叶繁茂、繁殖力强、生命力旺盛的美妙神奇形象。

1.2 "桑林造人"，与桑崇拜紧密关联的圣贤诞生的佚事

中国古代三位圣贤伊尹、后稷、孔子的孕育诞生的佚事都与桑有关。《吕氏春秋》中载伊尹生于空桑。郦道元《水经注·伊水》记载："昔有莘氏女，采桑于伊川，得婴儿于空桑中。言其母孕于伊水之滨，梦神告之曰：'臼水出而东走，顾望其邑，咸为水矣。'其母化为空桑，子在其中矣。莘女取而献之，命养于疱，长而有贤德，殷以为尹，曰伊尹也。"据《尚书》《孟子》《墨子·高贤下》《吕氏春秋》《楚辞·天问》和《史记》的记载，伊尹本是夏朝末年有莘氏（今山东曹县）的一个家奴，作为陪嫁的仆人随同有莘氏之女来到商汤处，为司厨小臣，后来商汤发现他有聪明才智，则委以国政。《春秋无命苞》中后稷之母因踩扶桑处巨人脚印而生稷。关于后稷的诞生，《诗经·大雅·生民之什》记载："厥初生民，时维姜嫄。生民如何？克禋克祀，以弗无子。履帝武敏歆，攸介攸止。载震载夙，载生载育，时维后稷。"此说周始祖后稷的母亲姜嫄，通过虔诚地祭祀，以祓除无

子，求得子嗣，后来因为踩了上帝的足迹而怀孕生子。《春秋孔演图》中载孔子生于空桑。有关孔子的诞生，东汉郑玄《礼记·檀弓正义》引《论语纬撰考》说："叔梁纥与征在祷尼丘山，感黑龙之精以生仲尼。"亦把孔子诞生的传说引向了荒诞。

考察上述三贤诞生的故事，均具有感孕方式和出生地与桑有关的特征。三位身份不一的女性，她们或居伊水之上而孕，或踩上帝足迹而孕，或梦与黑帝交而孕，都是非正常男女间的亲体结合，而且女方为人，男方为神，二者的结晶就成了人与神的后代，自然出类拔萃成为圣贤。伊尹之母和孔子之母属于典型的感梦而孕，或孕而梦，或梦而孕，都经神人预先指点，后生于空桑之中。后稷之母因无子而祷告祖先，后来因踩扶桑处上帝的足迹而怀孕生子。然而，为何这三位圣贤的诞生均与桑有关？这不能不令人想到古时桑林之约的旧俗和桑林祭祀祖先神明的动机，彰显出古人对桑的强大繁殖能力的信仰与崇拜的浓厚意识[2]。

1.3 "汤祷桑林"，中国古代对桑崇拜的一个绝好佐证

《搜神记》卷八载："汤既克夏，大旱七年。洛川竭。汤乃以身祷于桑林，剪其爪发，自以为牺牲，祈福于上帝。于是大雨即至，洽于四海。"这个故事在《尚书》《吕氏春秋》中均有记载。晋傅咸《桑树赋》亦说："汤躬祷于斯林，用获雨而兴商。"成汤祈求上天降雨，是为求神灵拯救百姓，以身作祭，后终于感动上帝，天降甘霖，解除了旱魔的威胁，保佑农事丰收。此外，桑的神力还传递到用桑木所制的器具上。"羿射十日"，羿之善射神技，多赖其非凡的武器，《荀子·儒教》载："羿者，天下之善射者也。无弓矢，则无所见其效。"其弓矢何来？或曰天帝所赐，或曰夷羿自造？此处应特别关注制弓的材料。《易林》载，羿的神弓名"乌号"，《太平御览》卷三四七引《风俗通》交代了乌弓的用材：乌号弓者，柘桑之枝。原来羿用来射日的神弓是以桑为材制作而成。

2 桑崇拜民俗产生的原因

古人的桑崇拜体现了对生命的崇拜，而桑崇拜产生的根本原因在于先民们对物资生产的需要，而人的生殖与物质生产两种因素的相互结合与促进，形成了中国古代跨越时空的桑崇拜民俗。

2.1 桑崇拜体现了对生命的崇拜

古人对于桑有着近乎宗教般的信仰，他们在不断认识世界的同时，也在不断审视自己，试图对自身的存在做解释，但由于生产力处于极度低下的状态，人们对很多精神活动及生死现象都无法做出理解，对自然界强大的威力感到害怕，认为万物都有神灵存在，认为它们不能驾驭，只能与之修好，寻求它们的帮助，以便自己更好地生存。由此看出，人们憧憬、崇拜的最根本东西是"生命"，是对人之生命的无限热爱与执着追求。

桑是一种生命力很旺盛的树木，扦插易成活，剪伐后再生能力极强，对土壤的适应性广泛；桑叶可用来喂蚕，果实可用来食用和酿酒，桑还可以入药治疗疾病。在古人的心目中，桑是旺盛的生命力象征，因此我们也就不难理解桑千变万化的生命意义了[3]。

2.2 桑崇拜还源自生殖崇拜

赵国华先生在讨论花卉纹的象征意义时指出："以出土彩陶上的花卉植物纹样为依据，结合《诗经》中的相关材料，可推测中国的远古先民曾将多种植物作为女性生殖器的象征。这些象征物为木本植物，或为桑（《鄘风·桑》），……殷商人的奉祀'桑林'即为奉祀高禖，起源也正是殷商的先民曾以桑象征女阴，实行崇拜。……桑树就是桑树林，因为桑树叶片纷披，桑葚累累，所以被远古人类选为女性生殖器的象征物。"[4]

此外，傅道彬先生通过对"社"的考察也认为：所谓桑林的意义自然也是表现生殖的内容。神话中的古帝颛顼，前述伊尹及孔子的出生都伴有"生于空桑"的传说，殷商的后裔宋国以桑社作为自己土地的原始母神，甚至以后的传说里，连桑葚也成了九千年生一次的不死仙果。

2.3 桑在我国古代经济生活中占据特殊重要的位置

恩格斯在《家庭、私有制和国家的起源》第一版序言中指出：根据唯物主义观点，历史中的决定因素归根结底是直接生活的生产和再生产。中国古代以农立国，桑是先民赖以生存的物质基础，是不可或缺的东西。这从孟子为梁惠王设计的治国方略中就可看出：五亩之宅，树之以桑，五十者可以衣帛矣。《礼记》载："古者天子诸侯，必有公桑蚕室，近川而为之。"《管子·牧民》载："藏于不竭之府者，养麻桑，育六畜也。"《淮南子·立术训》言："教民养育六畜，以时种树，务修田畴，滋植桑麻。"费孝通先生在《江村经济》一书中指出：家庭蚕丝业是中国农村中对农业不可缺少的补充，靠它来支付（A）日常所需，（B）礼节性费用，（C）生产的资本。由此可见，桑在经济生活中确实占据特殊重要的位置[5]。

3 桑崇拜民俗的文化生态学意义

文化生态学认为：文化不是经济活动的直接产物，它们之间存在着各种各样复杂的变量，它能从自然、社会、人和文化的各种变量的交互作用中研究文化产生、发展的规律。斯图尔德把文化生态学的研究方法看作是真正整合的方法，认为只有把各种复杂因素联系在一起，进行整合研究，才能弄清楚环境在文化发展中的作用和地位，才能说明文化类型和文化模式是怎样受制于环境的。

3.1 桑崇拜民俗与自然生态环境

森林是人类的原始家园，"桑"与古代先民生活的自然环境密不可分。远古时代生产力水平低下，人们主要依靠在森林中捕猎动物、采摘植物果实或种子的方式来获取食物生存。进入农耕时代后，先民们有意识地种植和培育植物。桑在远古时代先民的物质世界中占据非常重要的地位。采桑、养蚕、缫丝是古代先民重要的农事活动，男耕女织是中国传统的农业生产方式。桑树是远古时代先民们日常生活中常见的植物，从《山海经》的《东山经》《西山经》《中山经》及《诗经·国风》等的描述中可知，古代桑树分布极为广泛。桑树可以在不同的自然环境中生长，有的栽植在房屋、庭院旁，如"将仲子兮，无逾我墙，无折我树桑"（《郑风·将仲子》）；有的生长在山上，如"南山有桑，北山有杨"（《小雅·南山有台》）；有时长在坡地，如"阪有桑，隰有杨"（《秦风·车邻》）；有的生长在河水边，如"彼汾一方，言采其桑"（《魏风·汾沮洳》）；有的植根于田野，如"星言夙驾，说于桑田"（《鄘风·定之方中》）；另有洼地栽桑，洼地当是古代长势最好的桑园，这和洼地能更好地保水保肥有关，如"隰桑有阿，其叶有难……。隰桑有阿，其叶有沃……。隰桑有阿，其叶有幽……"（《小雅·隰桑》）。呈现在人眼前的是乌黑发亮的桑叶，其树势旺盛可见一斑。远古时代先民发现桑树全身是宝，用途众多，桑木可用于制作各种器具。古时男子出生，有以桑木作弓，蓬草为矢，射天地四方之结。《礼记·内则》曰："国君世子生，……射人以桑弧蓬矢六，射天地四方。"桑木还被用来作祭典时的神主。《国语·周语上》："及期，命于武宫，设桑主，布几筵。"按古礼，人死改葬，还祭于殡宫叫虞，虞祭作主的桑木制作的神主名桑主，俗称供祭奠的灵位牌。桑木还可当作烧柴，《小雅·白华》："樵彼桑薪，印烘于烘。"桑叶通常用来养蚕纺丝，如《卫风·氓》中"氓之蚩蚩，抱布贸丝"的诗句即指用布换丝；桑果还可食用，《卫风·氓》中"无食桑葚"可证[6]。

3.2　桑崇拜民俗与地理人文环境

在周代，土地辽阔、人口稀疏。人口多寡直接与国家强弱有重要关联，在生产力极不发达的条件下统治者非常关心人口问题，那时的青年男女婚嫁之事亦成为关系国计民生的大事。《周礼》记载"仲春之月，令会男女之无夫家者"，规定了在特定季节允许青年自由选择恋爱、婚配对象的权利。《诗经》中的桑明写或暗喻情爱的例子比比皆是，且都以桑林为背景。《鄘风·桑中》："爰采唐矣？沫之乡矣。云谁之思？美孟姜矣。期乎我桑中，要我乎上宫，送我乎淇之上矣。"诗中描写了卫国青年男女在桑林中幽期密约，"桑中"一词成为男女欢会的代名词。《魏风·十亩之间》："十亩之间兮，桑者闲闲兮，行与子还兮！十亩之外兮，桑者泄泄兮，行与子逝兮。"此诗如同一首恋歌，描写桑林之会中青年男女的幽会情景。

　　桑林为先民提供了丰富的物质基础，桑林逐渐成为家园的象征。《诗经·小雅》中的"维桑与梓，必恭敬止"，意为家乡的桑树与梓树乃父母所栽，对它要表示尊敬。所以就有"桑梓"指代故乡一说。从《诗经》"将仲子兮，无逾我墙，无折我树桑"诗句的描述可知，因为桑树和梓树一样常栽培在庭院、房屋旁，故在汉语中常用"桑梓"指代故乡、乡里。正因为如此，"桑"才具有了家乡、家园的含义。身处异域他乡的游子，保家卫国征战疆场的军人睹"桑"思人，思念家乡的父母、妻儿、亲人，于是桑与父母家乡凝聚在一起，富有诗情画意的桑蕴含了思旧的独特意义，从中可读出浓烈的故乡情结[7]。

3.3　桑崇拜民俗与先民心态环境

　　人类对自然的崇拜可以说是与人类社会的出现同步存在，其中的根本原因还是人类自身的心理。远古先民的自然崇拜意识，不仅反映了人与自然的对立，而且反映了人对自然的依赖与和谐共处的需求。自然崇拜的对象是被神化了的自然现象、自然力和自然物，如日月雷雨、水木山川等。在生产力极为低下的远古时代，自然最初是作为一种完全异己的、有着无限威力和不可制服力量的存在与人类对立的。人们在大自然的强大威力面前战栗和束手无策。而大自然又是那么神秘，不可预知的诸多现象等待人们去探索，许多千奇百怪的东西又根本无法解释。在这种状态下，崇拜恰到好处地给人们提供了一个想象和幻想的空间，去解释那些无法解释的现象。这种崇拜往往是人们对自身生存和美好生活愿望的寄托，人们总是渴望自己的生活越来越美好，所以当遇到各种灾难无法解决时，人们就乞求神灵的疪护和保佑，这样就为崇拜注入了意义——一种精神的寄托，一个释放人的心理情绪的通道。桑崇拜当是类同的。从《诗经·国风》中可以体会到远古先民对桑、桑树的无限崇拜。桑是远古先民日常生活中常见的一种植物，是人们为生活而从事生产的必需品，是不可或缺之物。所以桑在人们心中很神圣，人们祈求通过对桑的崇拜让日子越过越好。桑满足了人们日常生活中的基本需求，这样桑崇拜就有了寄托的意义。此外，人们对桑的崇拜还源于对桑的畏惧。《淮南子》载："汤苦旱，以身祷于桑山之林。"天久旱给人们带来恐惧，"祷于桑山之林"求赐雨让人们对桑林产生了一种敬畏，这种敬畏也会随之转化为崇拜，延续下去成为人们日常生活的一部分，同时赋予人们内心一种新的驱动力，最终体现出对先民生存的人文关怀[8]。

参考文献

[1]　雷国新. 《山海经》之桑说[J]. 蚕丝科技，2013（4）：32-34.

[2]　梁高燕. 从文化生态学角度解读《诗经·国风》中的桑意象[J]. 中北大学学报（社会科学版），2012（1）：77-81.

[3]　康国章. 《诗经》文化生态系统论析[J]. 河南大学学报（社会科学版），2013（5）：110-115.

[4]　雷国新，雷语. 《诗经》之桑说[J]. 蚕丝科技，2014（1）：27-31.

[5]　钟年. 论中国古代的桑崇拜[J]. 世界宗教研究，1996（1）：115-122.

［6］　李福军. 纳西族水崇拜习俗的文化生态学意义［J］. 楚雄师范学院学报，2008（2）：46‐52.

［7］　杨逸文，蔡志伟，沈亚萍，等.《诗经》蚕歌杂谈［J］. 蚕桑通报，2008（2）：64‐66.

［8］　洪玲. 生命的诠释——文学中"桑"的意象浅析［J］. 东莞理工学院学报，2004（1）：105‐109.

"桑"文化词语的采撷释义

"桑"作为中国古代社会一种重要的文化事物，在历史行进的长河中积淀了大量与之相关的文字符号，所构成的文化词语及词汇更是丰富多彩。《辞源》录入桑文化词语约 40 个，《汉语大词典》录入桑文化词汇 161 个，还有一批如女桑、柔桑等桑的逆序词汇及数十个关于桑的成语被收录在各种典籍中，其文化蕴涵异彩纷呈[1-2]。这种文化现象的存在，体现了对农桑社会的深刻表述，印证了桑同人类的密切关联。

1 农事与家园相依

中国是世界上最早养蚕植桑的国家，早在新石器时代的良渚遗址中就有了以家蚕丝为原料的丝织品出土，那时的中国古代先民就学会了养蚕纺织。殷商时甲骨卜辞中有"桑"的字形。到了周代，植桑养蚕已是常见的农事活动。春秋时期，桑树已成片栽种。从那时起，桑就成为古代中国先民的衣食之本，男耕女织成为农耕社会人们的主要生活方式。

周代实行井田制度，"五亩之宅，树之以桑"，故称"桑井"。魏书李孝伯传附李安世上疏："愚谓今虽桑井难复，宜更均量，审其经术，令分艺有准，力业相称。"诗豳风鸱鸮："迨天之未阴雨，彻彼桑土，绸缪牖户。"诗鄘风定之方中："星言夙驾，说于桑田。""桑土"及"桑田"释指栽桑的土壤。与桑土相关的还有几个成语，明张居正《答王鉴川计贡市利害》："至于桑土之防，戒备之虑，此自吾之常事，不容一日少懈怠。""桑土之防"释指防患于未然。《明史·赵世卿传》："古者国家无事则预桑土之谋，有事则议金汤之策。""桑土之谋"释指勤于经营谋划，防患未然。宋·叶适《除知建康到任谢表》："诵桑土绸缪之句，尤在思勤。""桑土绸缪"释意同"桑土之谋"。诗豳风东山："蜎蜎者蠋，丞在桑野。""桑野"释指植桑的田野，多指分布于高山深谷的桑林。太平御览三八二汉崔骃博徒论："肤如桑朴，足如熊蹄。""桑朴"释指桑树皮。本草纲目十六草五"桑花"，又称桑钱、桑藓，指生于桑树干上的白藓，可入药。政和证类本草十三桑根白皮引图经："桑根白皮……""桑根"释指桑根的白皮，可入药。宋杨万里齐集三四桑茶坑道中诗之四："桑眼未开先着椹，麦胎才苗便生须。"陆游剑南诗稿七四初春："土膏动后麦苗长，桑眼绽来蚕事兴。""桑眼"释指桑叶芽。诗卫风氓："桑之落矣，其黄而陨。""桑落"释指桑叶枯落。南齐书祥瑞志："（世祖）及在襄阳，梦着桑履行度太极殿阶。""桑履"释指桑木做的木屐。三国志蜀先主传："先主（刘备）……舍东南角篱上有桑树生高五丈余，遥望见童童如小车盖。……先主少时，与宗中诸小儿於树下戏，言吾必当乘此羽葆盖车。""桑盖"释指桑树枝叶茂密形如车盖。三国志魏文帝纪受禅册注引尚书令桓阶等奏："舜受大麓，桑荫未移而已陟帝位。""桑荫"释指桑树的影。宋陶穀请异录上蔬五鼎芝："北方桑上生白耳，名桑鹅，贵有力者咸嗜之，呼五鼎芝。""桑鹅"释桑木耳。宋书礼志五："殷有山车之瑞，谓桑根车，殷人制为大路。""桑根车"释为古代帝王所乘之车，用桑木制造[3-4]。

晋陶渊明《归园田居》诗之二："相见无杂言，但道桑麻长。"唐代孟浩然《过故人庄》诗："开轩面场圃，把酒话桑麻。"桑树有分枝能力强的特性，在远古农桑时代，先民已懂得剪伐桑枝条。《诗经·七月》："蚕月条桑，取彼斧戕，以伐远扬，猗彼女桑。"古人采桑有"条取"（枝落而采其叶）和"摘取"的不同，"女桑"（指柔嫩的桑叶）不可条取，须摘其叶存其条。"条桑"指修剪枝条的意思。剪伐的枝条可以编成较为密实的门户，在严冬来临之际，"塞向墐户"以御寒气。"桑户""桑枢"两词释指用桑条编成的门户，相当于"柴扉"，为贫者所居，故以喻贫寒之家或贫寒之士。能表达相关意义的成语还有"桑枢瓮牖""桑枢韦常""桑户捲枢""桑户蓬枢"等。如，《战国策》："且夫苏秦特穷巷掘门桑户捲枢之士耳。"《庄子·让王》："原宪居鲁，环堵之室，茨以生草，蓬户不完，桑以为枢而瓮牖。"《文选》南朝梁江文通《诣建平王上书》："下官本蓬户桑枢之人，布衣韦带之士。"明梁辰鱼《浣溪沙·遗求》："假如原宪是个善士，桑户捲枢；颜回是一个好人，笔食壶浆[5]。"

最早出自《诗经·小雅·小弁》"惟桑与梓，必恭敬止"诗句中的"桑梓"，作为传统语词蕴含了乡邦的意蕴，桑便和家园的意义联系在一起，东汉以后人们用最常见的桑、梓两种林木当作故乡的特定标识。东汉张衡《南都赋》："永世克孝，怀桑梓焉，真人南巡，睹旧里焉。"晋代陆机《百年歌》之八："辞官致禄归桑梓，安居驷马入旧里。"唐代柳宗元《闻黄鹂诗》："乡禽何事亦来此？令我心生忆桑梓。"经历代文人渲染，"桑梓"便成为沿用至今的独具文化韵味的词语[6-7]。

2　尘世与上苍相通

据殷墟甲骨文和青铜金文记载，商周人虽有上帝的观念，但他们并不直接祭奉上帝，而是依赖祖先神灵作为媒介，即"祖先配天"，宗族始祖的身份地位如同上帝，这使得中国古代的丧葬礼制和宗庙祭祖显得十分重要。桑树在尊神祭祖的文化氛围中彰显了它精神层面的独特作用。《礼仪·士丧礼》曰"鬠笄用桑"，死者绾发用的笄是桑木做成。《公羊传·文公二年》载"虞主用桑"。闻一多先生《释桑》谈到"古代丧礼器用多以桑为之"。"桑主""桑封"释指古代虞祭所立的神主牌位（《释名·释丧制》"既葬，还祭于殡宫曰虞，谓虞乐安神，使还此也"）。这里取桑的用意是相通的：一是"桑""丧"谐音的语音关系；二是桑木和鬼神相通的神性关系，这两者都是与古人观念直接关联的非理性因素。《仪礼》郑玄注："桑为之言丧也。"据闻一多先生的考证："郑何两注并以丧释桑，实则二字不但音同，古字本亦同，卜辞时代桑丧一字，金文始分为二。"甲文中"桑"为枝干毕备的象形字，另有此变异的字形，表现为于枝干之间有丛聚的众"口"，从二口到五口不等，其实就是"桑"字。它们字形相似，音同或音近，意义也相通，具有同源关系。

在中国古代文化典籍中，"空桑"本是一个古地名，但由于它是五帝之一颛顼的领地，还传说商汤贤相伊尹（《吕氏春秋》）以及孔子（《春秋孔演》）都生于此，富有神异色彩的出生之谜令这个地名变得十分诡秘。同样，"桑林"也绝不只是一个简单无奇的地名，而是充满了神秘文化韵味。"桑林祷雨""桑林祷辞""桑林祈雨"将桑林和商代开业始祖成汤联系起来。这是因为桑林是殷商人祭祀先祖神明的地方，上古祭祀的神坛"社"就建在桑树林中。相传成汤建国之初，天旱五年，禾枯草焦，汤以自己为牺牲，到桑林求雨，以五事自责，终于感动上苍，普降甘霖。重获新生的人们载歌载舞，感谢神灵所赐福祉。同时这也当是"桑林之乐"和"桑林之舞"的缘起。人们以此祭祀祖先，是一种娱神的音乐舞蹈。《左传·襄公十年》载，公元前563年，宋平公在楚丘招待晋悼公，舞者挥动染成五色的羽旄，表演"桑林之舞"，晋悼公竟吓得生了场大病。《吕氏春秋·慎大篇》说，周武王"立成汤之后于宋以奉桑林"，宋为殷商后裔，能够保存原汁原味的古代天子乐舞，这种群聚祭祀的乐舞热烈欢快、威猛肃穆而又有章有法。古祀还有"躬桑之礼"，《礼记·月令》说："季春之月……后妃斋戒，亲东乡躬桑……以劝蚕事。"可见蚕桑之事是男耕女织时代的一大要务。在出土文物里，战国时反映社会生活的青铜器文饰中有很多是歌舞祭祀的内容，当中就有采桑舞文饰，表现采桑女在桑林中采桑时歌舞的情形，亦可看作是古代贵族妇女的燕乐舞和祭祀礼仪。总之，"空桑""桑中""桑林"等词，都蕴含远古地名文化中的一些秘韵，从中不难寻出与其历史遗迹相通的文化联系，是绝对的文化词语。与之相关的成语还有"桑中之约""桑中之喜""桑间之约""桑间之音"和"桑间之咏"。清·蒲松龄《聊斋志异·窦氏》："女促之曰：'桑中之约，不可长也。日在帡幪（帐幕）之下，倘肯赐以姻好，父母未必为荣，当无不谐，宜速为计。'""桑中之约"释指男女之间的约会。《佐传·戎公二年》："申叔跪从其父，将适郢，遇亡，曰：'异哉！夫子有三军之惧，而人有桑中之喜，宜将窃妻以逃者也。'"杨伯峻注："借此用'桑中'一词，暗指巫臣与夏姬私约。""桑中之喜"释指男女不依礼法的结合。清·唐仲冕《六如居士遗事》："美人者某挥使女也，慕伯虎才名。暗以手书订桑间之约，期以八月十五试毕赴之。""桑间之约"释同"桑中之约"。《吕氏春秋·音初》："世浊则礼烦而乐谣，郑卫之音，桑间之音，此乱国之所好，衰德之所说。""桑间之音"释指淫靡的音乐。明·扬循吉《蓬轩吴记》卷上："其集多桑间之咏，不足传也。""桑间之咏"释指描写男女情爱的诗歌。

"桑"之神奇还体现在"扶桑"这个词上。"扶桑"是传说中的一种神木。《说文解字》"桑"列字不在"木"部，而在"叒"部，是一个值得考究的现象。"叒"在"说文"中释义为"日初东方汤谷所登榑桑"。《木部》有"榑"字，释义为"榑桑，神木。日所出也。""榑桑"即"扶桑"，段玉裁在"桑"字条下解释："榑桑者，桑之长也。故字从桑不入木部而传于'叒'者，所贵者也。""扶桑"与能饲蚕的桑树本不是一回事，但其命名本身说明在古人观念中它们并非不相涉。于是从《说文》开始，于东汉及后予以曲解了。《海内十洲记》将扶桑说成是两株同根而枝叶相依的巨大桑树。推测古人既以"天虫"来看待吐丝神奇的蚕，那么将以"蚕所食叶木"神圣化也就在情理之内。言而总之，无论是现实生活中的桑树还是神话世界中的扶桑，在古人的观念里都是不凡的神奇之物，是沟通尘世与上苍的一种特殊媒介。

"桑弧蓬矢"的典故也颇能说明桑木的神奇。《礼记·内则》曰："国君世子生，……射人以桑弧蓬矢六，射天地四方。"郑玄注："桑弧蓬矢，本太古也。天地四方，男子所有事也。"其意为男子出生，有以桑木作弓，蓬草为矢，射天地四方之结。勉励世人应胸怀大志。之所以用桑木作弓，本身的木质并不是重要因素，作为一种礼仪，主要是取桑木作为太古之物和桑木与生俱来的神异性。能表达相同意义的成语还有"桑弧矢志""桑弧蒿矢""桑蓬志"等。唐·李白《上安州裴刺史书》："士生则桑弧蓬矢，射乎四方。"《后汉书·儒林传上·刘昆》："王莽世，教授弟子恒五百余人，桑弧蒿矢，以射菟首。"宋·朱熹《次韵择之进贤道中漫成》之二："岂知男子桑蓬志，万里东西不作难[8]。"

3　空间与时间相约

上古先民对于空间方位和节令时间的表述带有浓郁的文化色彩，主要是与他们当时的生存环境、生活方式及思维意识密切相关。

用"桑"表达时空概念，前述中"桑野"就是一个很好的例子，"桑野"本来是指植桑的原野，然而在古代又可作为东方的代称。《淮南子·地形》载："东方曰棘林，曰桑野。"这种空间方位的联想，源于中国文化的地理背景和古代社会的生存状态。古代东部地区湖泊沼泽居多，商部族的文化推测应当在平原沼泽地带产生，土地平阔、气候温和的东部地区正是宜桑宜蚕的好出处。"沧海桑田"或"桑田沧海"作为文化词语，已有 1000 余年的历史，源于晋代葛洪所著《神仙传》的《麻姑传》和《王远传》，文中有大同小异的一段对话。麻姑说："自接待以来，已见东海三为桑田，向到蓬莱，水又浅于往者略平也，岂将复为陵陆乎？"王远答道："圣人皆言，海中行复扬尘也。"这一传说被后代学者认为是地质学的萌芽，反映了古人对地质变迁的认识。我国古诗词中引用"沧海桑田"诗句的还有元代王进之《春日田园杂兴》诗："桑田沧海几兴亡，岁岁东风自扇场。"唐代卢照邻《长安古意》诗："节物风光不相待，桑田碧海不奠改。"沧海桑田的入诗大多是借沧桑变迁表达对世事轮回、时光流逝的感叹。由空间意义引申出了时间意义。类似的诗作还有"已见松柏摧为薪，更闻桑田变成海""少年安得长少年，海波尚变为桑田""人间桑海朝朝变，莫遣佳期更后期""天若有情天亦老，人间正道是沧桑"。当一个人经受坎坷离乱之后，习惯用"饱经沧桑"来诉说个人经历中的不平之事，"沧桑"之感当是油然而生。

宋代朱熹《诗集传》在《桑柔》篇中注释："桑之为物，其叶最盛，然及其采之也，一朝而尽，无黄落之渐。"联想到人生的倏忽而逝，易生伤感，后来多用以指暮秋，"桑落"既指自然界的秋天，也喻指人生的秋天。"桑落"和"瓦解"结合在一起，寓意时势衰败如桑叶枯落、屋瓦解体。《后汉书·孔融传》："案表跋扈，擅诛列侯……专为群递，主萃溥数。郜鼎在朝，章孰甚焉！桑落瓦解，其孰可见。"此视为"桑落瓦解"这一成语的出处。"桑榆"可以喻晚暮，进而可以喻晚年，还可以作为先胜后负的比喻。《淮南子》说："日西垂景在树端，谓之桑榆。"原指日落时余光正在桑榆之上，故以此喻晚景，又称"桑榆暮景"或"桑榆晚景"。如魏晋曹植所作的《赠白马王彪》中的"年在桑榆间，影响不能追"，唐代刘禹锡《酬乐天咏老见示》所作的"莫道桑榆晚，为霞尚满天"，杜甫《成都府》中的"翳翳桑榆日，照我征衣裳"。古代文人的感时伤怀，使它们自然和人生的暮年晚景联系起来。与之相关的成语还可列举一些：唐代刘禹锡《谢

分司东都表》："虽迫桑榆之景，犹倾葵藿之心。"清代顾炎武
《与李霖瞻书》："桑榆末景，或可回三舍之戈。""桑榆年"和
"桑榆景"则表达人至晚年的意思。如清代方文《述哀》诗："所
痛桑榆年，转见家荡折。无孙已阋伤，无妇又增恤。"清代李渔
《意中缘·悟作》："我把桑榆景，倚靠也，谁知有夫就不认家。"
与上述两诗相悖，"桑榆暖"和"桑榆补"则表达了另外的寓意。
宋代陆游《两祖书盛》诗之一："宦游四十年，归逐桑榆暖。"释
指晚年幸福。清代赵翼《树斋大司马述庵少司寇奉使秦邮扁舟往
晤留永日别后却寄》诗："在朝与在野，均贵桑榆补。"释指善于
补救失误。"失之东隅，收之桑榆"的典故出自《后汉书·冯异
传》："始虽垂翅回溪，终能奋翼黾池。可谓失之东隅，收之桑
榆。"东隅指日出处，桑榆指日落处，太阳每天朝升夕落，空间
和时间相约交织在了一起。日落表示一天行将结束，"桑榆"隐
喻了时间的流逝。唐代王勃《滕王阁序》："……东隅已逝，桑榆
非晚。"诗释指早晨丢失的东西，晚上争取再寻觅回来。此处隐
喻了过去的时光虽已逝去，然而珍惜当下，把握未来的岁月才是
最重要的[9-10]。

综上所述，同"桑"有关的文化词语之所以称为文化词语，
就在于这些词语往往与典故、诗文、民俗紧密相连，能充分引发
对词义所形成的某种文化背景的联想，透过这些词语表面的理性
意义，彰显出熠熠夺目的文化光泽，昭示着悠悠岁月留下的痕迹
和音韵。

参考文献

[1]　商务印书馆编辑部. 辞源（第二册）[M]. 北京：商务印书馆，
　　　1980：1570-1572.

[2]　中国社会科学院语言研究所词典编辑室. 现代汉语词典[M]. 北京：
　　　商务印书馆，1995：987.

［3］　《中华典故》编委会. 中华典故（上册）［M］. 北京：中国文联出版公司，1999：219－365.

［4］　崔晓萌. 图解本草纲目［M］. 北京：中国纺织出版社，2012：251.

［5］　顾英. "桑"的世俗意蕴［J］. 西南民族大学学报，2005（6）：236－238.

［6］　易朴堂堂主. 桑的文化漫谈［EB/OL］. 新浪博客，2014－05－07.

［7］　萧放. "桑梓"考［J］. 民俗研究，2001（1）：127－131.

［8］　顾英. "桑"的灵物意蕴［J］. 达县师范高等专科学校学报，2004（4）：69－71.

［9］　雷国新，雷语. 古籍中桑崇拜民俗的文化生态学意义［J］. 蚕丝科技，2014（2）：20－32.

［10］　雷语，雷国新. "桑"之意象的符号意义［J］. 蚕丝科技，2014（3）：31－36.

古典诗词与蚕桑文化

中国是世界上最早植桑、养蚕和缫丝的国家。中国古代农桑并重，植桑养蚕在古代社会的经济生活中占据重要地位。蚕桑文学的兴起源于中国传统农业生产活动中男耕女织的农业生产方式。这从孟子为梁惠王设计的治国方略中即可领悟："五亩之宅，树之以桑……百亩之田，勿夺其时。"桑，自然也就成了文学吟咏不绝的对象，并逐渐形成了丰富的蚕桑文化。象征着生机、希望和生命的桑树，在为人们提供赖以生存的物质基础的同时，还造就了田野、村落间绿荫簇丛的自然风光，亦给桑间活动提供了场所，呈现出人与自然融洽的和谐大美。这美，历来为人们所欣赏、所眷恋。因而留下了数以千计的蚕桑诗词为后人不断传诵。

历经数千年的沉淀，蚕桑造福桑梓，不仅为人类社会的物质文明做出巨大贡献，更是为哺育人类的精神生活提供了丰富营养。在这个过程中，以诗词为代表的文学作品，以其简练的语言、和谐的音韵、绝妙的境界表现着如画的风景、多彩的生活、丰富的人生以及深刻的哲理。《神州丝路行》吟咏篇中收集吟咏蚕桑的诗词达 1843 篇、首。其中《诗经》24 篇，《楚辞》《乐府诗集》《昭明文选》《玉台新咏》共 175 篇。唐代诗词 375 首，宋代诗词 762 首，元代诗词 118 首，明代诗词 72 首，清代诗歌 317 首[1]。当然，最早表现蚕桑的诗篇当属成书于公元前 500 多年的《诗经》，其中《豳风·七月》成为世人领略诗歌鼻祖蚕桑风韵的典范。《陌上桑》是与《孔雀东南飞》齐名的汉乐府诗歌中的优秀作品，也是我国叙事诗中的杰出代表，千百年来传诵不绝。此后以蚕丝为主题的乐府杰作层出不穷。如南北朝的《采桑度》，唐代白居易的《缭绫》《红线毯》，宋词里面的《九张机》等，都以桑、蚕、丝为素材，或吟颂，或抒怀，或鞭挞，或隐喻，无不表达了诗人对蚕桑业的仰慕之意，对社会现实的郁愤情怀。桑，在诗人的笔下，与松、竹、梅一样，具有其特定的文化内涵。

1 清新活泼的田园诗，描绘如画的原野风光

文学源于生活，植桑养蚕作为中国古代重要的农业生产活动，很自然地成了古代文人描述的对象，被直接地反映在古代诗词里。

魏晋时期陶渊明是我国第一个自觉描写田园风光的诗人，他那质朴自然、清新怡人的田园诗备受后人推崇。《归田园居》第一首："开荒南野际，守拙归园田。方宅十余亩，草屋八九间。榆柳荫后檐，桃李罗堂前。暖暖远人村，依依墟里烟。狗吠深巷中，鸡鸣桑树颠。"诗人把一个恬静的农村田园生活诗意般呈现，令人心向往之。诗人归田园，务农桑，在其参加劳动的诗作中，提及最多的还是蚕桑。在《劝农》诗中描绘古代"蚕妇宵兴，农夫野宿"这样辛勤劳作的场面，劝勉农人勤于耕织。陶渊明弃官归隐后，在其诗作中称自己"代耕非所望，所愿在田桑"，从而把打理桑事作为务农耕作的集中体现。

唐宋时期，蚕桑业与诗词都有着更大的发展。唐代，从朝廷到民间，都倍加重视蚕桑生产。宪宗时的《劝农桑诏》规定："诸道州有蚕户无桑处，每约一亩，令种桑两根，勒县令专勾当，每至年终，委所在长吏检察，量其功具殿最奏闻，兼令两税使同访察，其桑仍切禁采伐，犯者委长吏重加责科。"采取强制措施确保蚕桑生产，使之成为农户日常必需的一项生产劳动。岑参《送颜平原》诗云："郊原北连燕，剽劫风未休。鱼盐隘里巷，桑柘盈田畴。"描述了从华北平原中部的德州，一直到北边的幽燕一带，尽是桑柘遍野的情景。王维《田家》"饷田桑下憩，旁舍草中归"，描述了劳作之后受桑树的荫庇，在桑树下小憩，俨然

一幅怡然自乐的乡间小景。李白《赠清章明府侄聿》："河堤绕绿水，桑柘连青云。赵女不治容，提笼昼成群。缲丝鸣机杼，百里声相闻。"在唐代，不管是农业发达的腹心地带，还是边远的周边地区，无论是河谷、平川还是山地，到处是一派桑麻翳野、养蚕投梭的热闹景象。在唐诗中，蚕桑题材是构成田园诗歌的重要部分，它们代表着自然质朴的田园风光，背后隐藏着希望能够自给自足、摆脱人世困扰的文人心理。因而，蚕桑意象被赋予了文学上的审美意蕴和特定的文化内涵，对形成唐代自然、平和、简朴的田园诗风有着重要作用。

蚕桑诗词还反映了当时的蚕桑分布与发展情况，宋代以后，江、浙成为全国蚕丝业中心，许多诗人的诗中都得到反映，南宋范成大《照田蚕行》："今春雨雹茧丝少，秋日雷鸣稻堆小。侬家今夜火最明，的知新岁田蚕好。"诗人戴复在《织妇叹》诗中描述了家乡浙江黄岩"春蚕成丝复得绢，养得夏蚕重剥茧"的情景。爱国诗人陆游写了许多反映当时农村生活的优秀诗篇，其中与蚕业有关的诗117首，其中有"洲中未种千头桔，宅畔先栽百本桑""郁郁林间桑葚紫，茫茫水面稻苗青""蚕收户户缲白丝，麦熟村村捣麦香"等，描绘了当时浙江农村粮桑并茂，蚕业兴旺的生动景象。

2　委婉幽怨的爱情诗，咏叹炽烈的情爱

爱情是文学讴歌的永恒主题，但古人表情达意的方式又常常是含蓄的，往往托物言情[3]。通常摄入其中的媒介物有"月、柳、梅"及"桑"等。将爱情寄托于古典诗词之中可谓屡见不鲜。蚕桑，在古代爱情诗词中，成了爱情的信物，见证了男女相爱、相思与悲欢离合。

古代与爱情相关的诗词中，蚕桑往往跟美女联系在一起，在诗人笔下，采桑养蚕的女子是美丽动人、充满活力的。如汉乐府

《陌上桑》中的秦罗敷"日出东南隅，照我秦氏楼，秦氏有妇女，自名为罗敷。罗敷喜蚕桑，采桑城南隅。青丝为笼系，桂枝为笼钩"。养蚕植桑的美女罗敷清新动人，充满了生活气息。南北朝乐府诗《采桑度》："蚕生春三月，春桑正含绿。女儿采春桑，歌吹当春曲。冶游采桑女，尽有芳春色。姿容应春媚，粉黛不加饰。"采桑女在春天明媚的阳光下柔媚动人。三国时曹植《美女篇》"美女妖且闲，采桑歧路间。柔条纷冉冉，叶落何翩翩……"寥寥两句，一幅美女采桑图便生动地浮现在读者眼前。

蚕桑爱情诗词中有不少表达相思之情的诗词，春蚕、桑树、缫丝和纺织都成为寄托相思诉诸笔下的题材。李白《春思》："燕草如碧丝，秦桑低绿枝。当君怀归日，是妾断肠时。春风不识相，何日入罗帏。"诗描写独处秦中的妻子，对着春天明媚的春光，思念远戍燕地丈夫的相思之情。可谓"燕地春草萌发细嫩如丝，秦地桑树繁茂低垂绿枝"，空间的交错，体现出妻子对丈夫的思念之情。春蚕吐丝，丝与"思"谐音，很多诗词中以"丝"谐"思"，借蚕桑倾吐爱慕之情、思念之情。唐代诗人李商隐著名的《无题诗中》："相见时难别亦难，东风无力百花残，春蚕到死丝方尽，蜡炬成灰泪始干。"此诗乃失恋者的一首悲歌。男女诚心相悦相爱，至死靡它。当其失恋时，入骨相思，魂牵梦绕，无法排遣。"春蚕到死，蜡炬成灰"早已成为千古流传的名句，现在很多人用它来表达坚贞不渝的爱情和无私奉献的高尚情操。宋代谢逸词《花心动》"风里杨花，轻薄性；银烛高烧心热。香饵悬钩，鱼不轻吞，辜负钩儿虚设。桑蚕到老丝长绊，针刺眼，泪流成血……"，词中的主人公，那位女子运用形象的比喻，诉说自己失去恋人之后，不能和恋人团圆的痛苦心情，其爱情真乃大胆泼辣，情真意切，感人至深。

3　感慨悲愤的怨刺诗，鞭挞封建税赋

文学的批判精神在古典诗词中得到很好的诠释，古代文人多关注现实，抒发现实生活中触发的真情实感。他们忧国忧民，借诗词作品揭露沉重的税赋，对蚕农悲惨的生活处境寄予无限的同情与关爱。

植桑养蚕，缫丝纺纱。辛勤的蚕妇披星戴月采桑摘叶，喂养蚕儿。择茧缫丝，纺织的顺滑柔软的丝绸都不能自己享用。正如唐代张俞《蚕妇》所述的"遍身罗绮者，不是养蚕人"。唐代唐彦谦《采桑女》："春风吹蚕细如蚁，桑芽才努青鸦嘴。侵晨探采谁家女，手挽长条泪如雨。"采桑女的辛劳与委屈言溢于表。宋代翁卷《东阳路傍蚕妇》："两鬓樵风一面尘，采桑桑上露沾身。相逢却道空辛苦，抽得丝来还别人。"诗抒发了作者对劳动者不能享受其劳动成果的不公平状况的愤慨。宋代谢枋得《蚕妇吟》："子规啼彻四更时，起视蚕稠怕叶稀。不信楼头杨柳月，玉人歌舞未曾归。"诗中"蚕妇"与"玉人"一厢辛劳一厢享乐的生活对比是何等的鲜明。唐代白居易的《红线毯》尤为著名："择茧缫丝清水煮，拣丝练线红蓝染。染为红线红于蓝，织作披香殿上毯。披香殿广十丈余，红线织成可殿铺。彩丝茸茸香拂拂，线软花虚不胜物。美人踏上歌舞来，罗袜绣鞋随步没。太原毯涩毳缕硬，蜀都褥薄锦花冷。不如此毯温且柔，年年十月来宣州。宣城太守加样织，自谓为臣能竭力。百夫同担进宫中，线厚丝多卷不得。宣城太守知不知？一丈毯，千两丝！地不知寒人要暖，少夺人衣作地衣。"诗中对红线毯的制作过程做了详细的描写，并对"夺人衣作地衣"的统治阶级的腐朽生活予以强烈谴责。

蚕租，作为苛税的一种，也是官吏及地主盘剥百姓的手段之一，这在与蚕桑有关的诗词中也有详尽呈现。唐代白居易在《重赋》一诗中，揭露统治阶级"缯帛如山积，丝絮似云屯"的奢侈

生活，而劳动者处于"幼者形不蔽，老者体无温"的悲惨境地。到明、清时代，阶级矛盾更为突出，苛税更繁重，统治阶级对蚕农的盘剥比以往有过之而无不及，蚕农的生活更是困苦不堪。明代于谦《采桑妇》："低树采桑易，高树采桑难。日出采桑去，日暮采桑还……但愿公家租赋给，一丝不望上依身……"清代惠士奇《簇蚕词》："麦风细，蚕眠地。桑叶残，蚕上山……君不见茧税年年充国课，浴蚕娘子常衣布。"诗道出了蚕农的辛劳、蚕税的繁重，诗人对统治阶级的不满、对蚕农的同情之情在字里行间充分表现。

4 以桑、蚕为题，借蚕桑讽喻世情、人生

桑、蚕不仅为人类提供了遮体防寒的物质基础，更是由于蚕桑之事与人们日常生活紧密关联，使人们赋予了二者更为深刻的蕴涵[4]。"桑"作为中国古代社会一种重要的文化事物，所构成的文化词语及词汇丰富多彩。《辞源》录入桑文化词语约 40 个，《汉语大词典》录入桑文化词汇 161 个，还有一批如女桑、柔桑等逆序词汇及数十个桑的成语被收录在各种典籍中[5]。常用词语中有桑梓、桑榆、桑柘、扶桑等。还有"沧海桑田"，作为一个有关"桑"的文化词语，已有 1000 多年的历史，来源于晋代葛洪所著《神仙传》的《麻姑传》和《王远传》中大同小异的一段记述。麻姑说："接待以来，已见东海三为桑田向到蓬莱，水又浅于往者会时略半也。岂将复还为陵陆乎？"这本指地理上的概念，但在古诗词中常引用"沧海桑田"以指对世事轮回、时光流逝的感叹，原本的空间意义引申出时间意义。"已见松柏摧成薪，更闻桑田变沧海""人间桑海朝朝变，莫遣佳期更后期""任被桑田变沧海，一丸丹药定千春"等等。当人在经受坎坷离乱后，"沧桑"之感便油然而生，至今人们还爱用"饱经沧桑"来述说人生中的许多磨难。再联系到蚕，当人们看到春蚕"食桑而吐

丝""功成而身废"时，便通过摹写两者的形象来讽喻世情、人生。例如：唐代孟郊《蜘蛛讽》："……蚕身与汝身，汝身何太讹。蚕身不为己，汝身不为佗。蚕丝为衣裳，汝丝为网罗……。"唐代白居易《禽虫十二章》："……水中蝌蚪长成蛙，林下桑虫老作蛾……蚕老茧成不庇身，蜂饥蜜熟属他人……。"唐代，于濆《野蚕》："野蚕食青桑，吐丝亦成茧。无功及生人，何异偷饱暖。我愿均尔丝，化为寒者衣。"上述都是此类诗作。唐代，李商隐《无题》诗中的名句"春蚕到死丝方尽，蜡炬成灰泪始干"，由春蚕吐丝，至死方休喻及人之用情，使得诗句平淡自然，而又含蓄、隽永。

在中国文化中，"桑梓"一直是故土的代称。《诗经·小雅·小弁》云："维桑与梓，……。"朱熹注："桑梓二木，古者五亩之宅，树之墙下，以遗子孙给蚕食，具器用者。"古人宅前栽梓，宅后栽桑，由父母祖先手植，为后代提供生活保障，"菀彼桑柔，其下侯旬"（《诗经·大雅·桑柔》）中描绘的是家园中有可乘凉的桑荫。桑梓环绕的家园充满了温馨，有许多美好的回忆，看到桑梓，就肃然起敬，引出对父母、家乡的怀念之情。因此，在文学作品中，桑的意象常常等同于家乡，"言桑梓就言养敬"（顾炎武《日知录》）。《诗经·豳风·东山》中一位跟从"周公东征三年而归"（《诗序》）的豳民，只因在归途中看到"蜎蜎者蠋，烝在桑野"（树上蚕儿在蠕动，聚在桑林中）的情形，就马上想到了家乡战后的惨景，于是产生了回归的冲动。正如金人刘迎所言之"吾不爱锦衣，荣归夸梓里"（《题刘德文戏彩堂》）。离家在外的游子，哪怕身居高位，心中仍有着浓浓的思乡愁绪，听到黄鹂的叫声会莫名其妙地感叹"乡禽何事亦来此，令我生心忆桑梓"[6]（柳宗元《闻黄鹂》），于是产生"辞官致禄归桑梓，安居驷马入旧里"（陆机《百年歌》）的念头。张衡在《南都赋》中，发出了"永世克孝，怀桑梓焉"的咏叹，谢灵运也在《孝感赋》

中感叹："恋丘坟而萦心，忧桑梓而零泪。"至于翁承赞的诗"此去愿言归梓里，预凭魂梦展维桑"（《奉使闽王归东洛》）和贾岛的"萧条桑柘外，烟火渐相亲"（《暮过山村》）同样抒的是故园之情。

5 诗词中的蚕桑技术、产品交易及民俗

古典诗词中一些桑蚕题材反映了古代桑蚕技术的发展。如唐代诗人笔下的"浴蚕"，唐代王建《雨过山村》："妇姑相唤浴蚕去，闲看中庭栀子花。"唐代王周《道中未开木杏花》中的"村女浴蚕桑柘绿，枉将颜色忍春寒"。历来的诗词注解中通常都简单解释为"浸洗蚕子。古代育蚕选种的方法。"根据《周礼》"禁原蚕"注引《蚕书》云："蚕为龙精，月值大火（二月）则浴其种。"事实上，古人的"浴蚕"有两种情况：一是在寒冬之际，铺蚕种于大雪之中，历一日，再沃以牛溲。低种经浴则"自死不出"，这次浴种的目的是让蚕种经冻历毒，杀其子无力者，对蚕卵起到了优胜劣汰的筛选作用。二是在养蚕之前，或浴于盆，或浴于川。《礼记正义·祭义》载："大昕之朝……奉种浴于川。"达到洁净和消毒的目的。《雨过山村》诗中属后一种情况。浴蚕的方法自周代发明后，一直为后代所沿用。在唐代，浴蚕仍然是一件重要的农事活动，因而在诗歌当中多次出现。唐诗中记载了桑的品种，"百顷鸡桑半顷麻"（唐代陆龟蒙《奉和夏初袭美见访题小斋次韵》）之鸡桑；"塞柳接胡桑"（乐府诗·司空曙《塞下曲塞柳接胡桑》）之胡桑。"调笑提筐妇，春来蚕几眠"（唐代岑参《汉上题韦氏庄》），诗描述蚕的眠性。"二眠才起近三眠，此际只愁风雨恶"（明代诗人于谦《采桑女》），描述了二眠小蚕怕潮湿，阐明养好小蚕是关键的道理，这在今天仍然有着实用价值。"四月桑半枝，吴蚕初弄丝"（唐代李群玉《洞庭入澧江寄巴丘故人》），描写蚕的产地。"长腰健妇偷攀折，将喂吴王八茧蚕"

（唐代李贺《南国十三首》）；"茧稀初上蔟，醅尽未干床。尽日留蚕母，移时祭魏王。"（唐代皮日休《临顿为吴中偏胜之地陆鲁望居之不出郛郭旷若……奉题屋壁》），这两首诗写的是养蚕技术。清末温丰《南浔丝市行》云："蚕事乍毕丝事起，乡弄卖丝争赴市。市中人塞不得行，千声万语聋人耳……共道今年丝价长，番蚨三枚丝十两。市侩贩夫争奔走，熙熙来来攘攘往。"诗中生动形象地描绘了南浔蚕农卖丝、贩夫奔走、人流如潮、丝价上涨、蚕农盈利的热闹非凡的市场交易场景。

　　中国的蚕桑起源极富传奇色彩，古人在长期植桑、养蚕、丝织的过程中，积累演化了极为丰富的蚕桑习俗，成为蚕桑诗词中的常见题材。唐代元稹《织妇词》："织妇何太忙，蚕经三卧行欲老。蚕神女圣早成丝，今年丝税抽征早。"诗中反映了唐代对蚕神崇拜的风俗以及织妇忙碌的痛苦。唐德宗贞元元年，韦皋任蜀地剑南西川节度使时，非常重视蚕桑生产，并作有《蚕市记》，这说明唐时的成都其蚕市具有了一定规模。在唐人的诗词中也经常会题咏到这一风俗。"蜗庐经岁客，蚕市异乡人"（晚唐司宪图《漫题三首》）。贵为统治阶层的花蕊夫人也"明朝驾幸游蚕市，暗使毡车就苑门"[《宫词（梨园子弟以下四十一首一作王珪诗）》]。"蚕月桑叶青，莺时柳花白"（唐代刘希夷《孤松篇》），蚕月指农历三月蚕忙时期。"蚕丝及龟凫，开国何茫然"（唐代李白《蜀道难》），蚕丝指神话中蜀人祖先，相传也是养蚕专家。据宋人《茅亭客话》《五国故事》诸书记载，唐代蜀中蚕市正月至三月（古历）开市[7]，同时兼有桑苗、花果、竹器及纺织工具的买卖，而参加交易者多系农人，这与韦庄诗"蚕市归农醉"是相一致的。

参考文献

［1］ 雷国新. 中国古代的养蚕业［J］. 蚕丝科技，2015（3）：29‐33.

［2］ 谢倩云，温优华. 中国古代诗词与蚕桑文化［J］. 安徽文学，2007（5）：170‐171.

［3］ 徐作明，孙静雅. 中国古代蚕桑诗歌及其价值［J］. 北方蚕业，2011（1）：68‐70.

［4］ 雷语，雷国新. "桑"文化词语的采撷释义［J］. 蚕丝科技，2014（4）：32‐35.

［5］ 曾艳红. 唐诗中的蚕桑题材及其审美意义［J］. 盐城师范学院学报，2009（5）：55‐58.

［6］ 杨灿. 古典诗歌中的蚕桑意象及其生态审美意蕴［J］. 中南林业科技大学学报，2014（6）：116‐119.

［7］ 刘术. 唐代成都蚕市略论［J］. 古今农业，2016（3）：31‐36.

古典蚕桑诗词之生态审美

生态环境的恶化已成为当代社会日渐沉重的话题。人们在追求丰裕物质生活的过程中，在享受现代工业革命带给人类文明发展的同时，人类中心主义的价值取向使得人类遭遇了大自然有史以来的无情报复：森林及绿色植被锐减，全球气候普遍变暖，大气及水资源污染严重，干旱与洪涝灾害频发，土地资源日益恶化等，不一而足。面对如此严峻的生态挑战，仅仅依靠科技手段、经济对策抑或是法律武器来解决生态环境问题已远远不够。而重塑生态保护意识，重树环境保护理念，重建人与自然的良性互动，坚持可持续发展道路，对缓解全球生态危机将有着不可小觑的作用。近年来，国内外学者纷纷将目光投向中国的传统文化研究，认为植根于中华大地数千年的传统文化中蕴藏了大量的生态哲学思想，这对人类美好生态道德的构建有着重要的启迪。以"天人合一"生态智慧价值取向为基准的中华传统文明，通过对儒家生态伦理思想的梳理和挖掘，以期建立切合新世纪实际的生态观和价值伦理观，达到促进改变现阶段人类生存方式的目的，从现代工业文明迅速过渡到后工业的生态文明，这已经成为世界多数国家的普遍共识[1]。

生态美学以人与自然的辩证统一关系为基础，以人类生存整体为出发点，以人与自然、人与社会、人与自身的和谐自由境界为旨归，是一种符合生态规律的存在论美学观。人类幸福生活的所在，绝不仅仅是物质的极大丰富，还有精神的充盈与发展。自然之于人类，不仅仅是养命之源、生存之源，更是人类的精神家园。人与自然之间有着水乳交融、一脉相承的血缘，保护自然，投入并融入自然之中，与自然和谐相处，从而达到一种本源性的自由[2]。同时，生态美学的兴起给文学作品的阐释提供了新的诉说空间和理论资源。古典蚕桑诗词与众多古典诗词一样，同属中国古代文学的奇葩，具有众多角度的审美价值。特别是在这些诗词中呈现的自然生态观及生态审美意识，对古代人们保护生态环境、维系自然生态的平衡发挥过重要作用，难能可贵的是时至今日同样启发着人们从生态审美的角度，对人与自然的相处，人类面临的生存环境等问题进行哲学和美学方面的思考。从诗词中也不难发现，古代诗人们回归自然、物我两忘的精神，给现代都市人提供了一种全新的生活态度，这在文学和美学史上具有双重的积极意义。

1 美妙如画的田园风光引诱人们亲近自然、融入自然

中国古典文学中弥漫着厚重的田园意味。蚕桑是古代人们日常生活中不可或缺之物，同时，蚕桑题材的入诗又打开了一扇反映社会生活的窗口，且具有鲜明的现实主义色彩。如在那些描写养蚕女的诗篇中，可以看到古代乡村生活既有"妇姑相唤浴蚕去，闲看中庭栀子花"（唐·王建《雨过山村》）的田园牧歌般轻快的乐调，也有"谁知苦寒女，力尽为桑蚕"（唐·邵谒《春日有感》）的念生计之艰难的悲叹感慨。这些现实题材的出现使得古典蚕桑诗词突显清新刚健的充实之美[3]。蚕桑既解决了人类最基本的衣食需求，同时，清新自然的田野桑地又给人们带来了美的感受，它抚慰人们身心的疲惫，平复人们躁动不安的心绪，培育人们安宁恬淡的人格。在中国古代传统耕织文化的浸润下，中国古代的文人雅士，无论是居庙堂之高，还是处江湖之远，都自觉或不自觉地对这种轻松惬意、安宁静谧的田园生活充满了向往和热爱，蚕桑也因此成了诗人寄寓人生理想，表达田园之乐时反复吟咏的对象。蚕桑题材的入诗，还从内部拓展了诗词的张力，使诗词蕴含的情感内涵更为丰富。大自然不仅仅是可供人们自由

自在生活的家园，还应当是诗词歌赋创造的灵感源泉。古代诗人诗化了他们日常的生活，在对桑林与桑园的诗意吟唱中或是写躬耕陇亩，把酒话桑麻，反映出劳作的甘甜愉悦与人情的纯朴厚重；或是写桑叶葱茏，园田茂盛，洋溢着自然的原始情趣；或是写桑田如画，男耕女织，呈现出田园的清闲安逸。

　　古典蚕桑诗词中有不少诗句描绘蚕桑与田园劳作之美，真实再现农村乡间田园特色。《诗经·魏风·十亩之间》大概是最古老的劳动赞歌："十亩之间兮，桑者闲闲兮，行与子还兮；十亩之外兮，桑者泄泄兮，行与子逝兮？"一群采桑女在绿树成荫的桑林中彼此招呼，亲昵结伴同归的画面洋溢着愉快而轻松的气氛，那回荡田野的欢快歌声，似乎穿越千年时空，仍让读者如犹在耳。同样表现劳动之美的诗词还有南北朝民歌《采桑度》，"蚕生春三月，春桑正含绿，女儿采春桑，歌吹当春曲"，将生活中朴素的精神快乐作为生命境界的极致，这种快乐正是摆脱了种种世俗束缚后生命的洒脱与自由。韩偓的"万里清江万里天，一村桑柘一村烟"（《醉著》），林逾的"乳雀啁啾日气浓，稚桑交影绿重重"（《初夏》）以及王维的"雉雊麦苗秀，蚕眠桑叶稀"（《渭川田家》），李白的"燕草如碧丝，秦桑低绿枝"（《春思》），陆游的"桑柘成阴百草香，缫车声里午风凉"（《示客》）"郁郁林间桑葚紫，茫茫水面稻苗青"（《湖塘夜归》）也是这一类令人心驰神往的上乘佳句[4]。

　　通过对蚕桑劳作的大量描绘，诗人们含蓄传达了自己希望远离尘嚣，享受本真自然田园之乐的生活情趣。将自己亲历的田园生活和人生感悟借平淡自然的语言文字成诗，为人们呈现了一个极具现代生态意识，饱含浓郁生态智慧的人类家园，营造了许多自然美妙而又亮丽清远的田园意境。诗词中不仅有诗人对大地的审美体验，更有诗人们在惬意自如的田园生活里，于自娱自乐的诗词创作中，用其融入自然的生存体验，而达到天人合一的理想生存境界，成就了无数诗意的栖居者。而这些美妙的诗句也开启了人们从生态美学的角度去亲近自然、融入自然的心路历程。

2 隐逸人生凝聚人们抗拒异化、追求心灵自由的生态智慧

中国古典诗词歌赋等文学作品，无论是山野民歌，还是文人手记，其话语内容和形式，大都与山水自然有着密切关联。有学者认为《易经》是人与自然的命运联系，《诗经》是人与自然的情感联系，《老子》是人与自然的理智联系。而儒家的"天人合一"则是中国生态智慧的精髓，它主张把人类社会放在整个大生态环境中加以考量，强调人与自然的共生并存和协调发展，这种观念与当代勃兴的生态伦理观念不谋而合，体现了中国古人善待自然、保护生态资源的朴实生态智慧。

相对于描绘田园之美，古代诗人们更热衷于表现林泉之趣，归隐山野田园，崇尚美好自然，复归苍生大地。大凡喜山爱水之人，多少都会有些隐逸情结。桑林是农业文明的象征，同时也作为象征化了的家园对抗着尘世的异化与堕落，是士大夫们神往的精神栖息地。比之恶浊的官场江湖，田园的一切都是美好纯真的。士大夫们将隐逸之所安置于山野田间，以开阔的胸襟，超尘脱俗、全身心地拥抱秀美纯洁的自然，与自然融为一体，于平淡的营生中体验归隐的生活情趣，慢慢领悟人生的真谛，拾得精神的解放和人格的真正自由。诚如朱熹所说："政乱国危，贤者不乐于其朝，而思与友好于为于农圃"（《诗集传》），的确，桑林是归隐诗人们痛楚心灵的安顿之所。在政治斗争极端惨烈、士人进退失据的时代，无数的士大夫们以躬耕田园的方式养真寄傲于诗酒桑麻之中，不卑不亢、不疑不惧地实践其人生的自我价值，用心去感受和讴歌对自然和生命的热爱，对现实的憎恨以及对民生的同情和对国运的忧思。

综观中国古代田园诗篇，大多利用描写田园景物的清美、田园生活的简朴来表达悠然自得的心境。赏方宅草屋，绿树繁花，麦苗青青，炊烟袅袅；听鸡鸣狗吠，蝉鸣蛙叫，百鸟吟声。或登高赋诗，或耕地浇园，或品茗读书，或弹琴饮酒，或三五好友相约，或家人团聚，采菊东篱……如此充满人间烟火气息的生活确也亲昵可感，瞧，那微风下新绽的菊花，那日见苗壮长成的桑林，无不是一首首美妙动听的诗歌，让人赏心悦目。诗人们抛弃功名利禄的诱惑，超越田园生活的劳役之苦，心存对大自然的感激之情，艺术地生活着，发现和感悟着自然之美，从中领略生命的意义，寻找到真正的自我，使久受扭曲的灵魂在清新的大自然中得到复苏。王实甫的散曲"想着那红尘黄阁昔年羞，到如今白发青衫此地游。乐桑榆酬诗共酒，酒侣诗俦，诗潦倒酒风流"（《集贤宾·退隐》）是一篇直抒胸怀的独白抒情诗，其真实而形象地描述了作者晚年隐退后的闲适生活。而元人吴西逸的散曲"人情薄似云，风景疾如箭。留下买花钱，趱入种桑园"（《双调·雁儿落带过得胜令》）说的正是归隐的理由。唐代诗人孟浩然《晚泊浔阳望庐山》："挂席几千里，名山都未逢。泊舟浔阳郭，始见香炉峰。尝读远公传，永怀尘外踪。东林精舍近，日暮空闻钟。"诗简单自然，空灵无迹。在随意挥写间，不但勾画了江山风景，而且抒发了对高僧的倾慕和向往隐居胜地的隐逸情怀。晚年的蒲松龄在诗文中也流露出对于田园隐逸生活的倾慕："花径儿孙围笑语，石亭棋酒话桑麻。门前春色明如锦，知在桃源第几家。"（《题安去巧偕老园》），归隐田园之乐在陶渊明的诗中表现得最为充分。大自然是一个平静、自由、和谐的世界，在与自然的和谐相处中，陶渊明与自然建立起了良好的审美关系。他领悟了自然的"真实""质朴"，形成了独特的生态观。陶渊明的仕途之路并不平坦，几进几出，几上几下，仕途之路的不得意、不自由，让陶渊明最终选择了归隐，回归自然、远离尘世。

在回归自然的过程中，他形成了自己独树一帜的人生哲学，并将自己这种以自然为本的哲学贯穿到人生的各个层面。他眼中的自然，不单指自然的目的，还是为了找寻自己丢失的人性和自由，这种自由就是他精神世界的自由——不让心为行役。在与自然的亲近中，陶渊明对生命意义与生存方式进行了思索选择，他提出了自己的精神生态观：让自己的生活、生命顺应大自然的规律[5]。"今我不为乐，知有来岁否"（《酬刘柴桑》），"且极今朝乐，明日非所求"（《游斜川》），"啸傲东轩下，聊复得此生"（《饮酒》之七），在村舍、鸡犬、豆苗、桑麻、穷巷、荆扉构成的田园生活中，他与飞鸟、游鱼、苍松、篱笆、清涧建立起了亲密的关系，寻找到了生活的乐趣。陶渊明是珍爱生命的，在《读山海经》中他曾说"在世无所须，唯酒与长年"，但他对生命的爱惜，并不像一般贪生的人一样看重的只是结果，相反，他更注重的是过程，是日常的乐趣，在自然中，陶渊明找到了自己的生存方式。朴素美丽的乡村景致、单纯欢快的农家生活无不流露出陶渊明那份恬静的心境和感受。陶渊明还是中国文学史上体验了躬耕之甘苦并最早着力描绘和歌咏蚕桑及田园之乐的诗人，在他笔下，蚕桑被赋予了文学上的审美情趣，成为田园生活的象征，具有"隐逸恬淡"的含义。在《归园田居》之二中，他写的"相见无杂言，但道桑麻长"不言其他，但道桑麻，由此可知，在陶渊明心中，桑麻有着表现和反映田园特色的特殊意义，归隐后，他称自己"代耕非所望，所愿在田桑"（《杂诗十二首》）。显然，田桑成了务农耕作的代名词。在此后几乎所有的田园诗中但凡提及农事、描绘田园风光均不脱桑麻，并逐渐形成了一种平淡精达的诗风，弥漫着平和的田园气息，传达出农耕文化特有的安静纯朴的意韵，折射出人们心底的家园情结，并且自然而然地与隐逸文化水乳交融。陶渊明奉行了他通达的人生观，同时也提出了当时最合时宜的生态观。"春蚕收长丝，秋熟靡王税"（《桃花源诗》）是他的生态主义乌托邦，其中所包蕴的生态学价值意义体现了诗人对人类生存状态的深沉关怀，以及对社会不公的批判和对公平制度的期盼。而"狗吠深巷中，鸡鸣桑树颠"（《归园田居》之一）和"桑麻日已长，我土日已广"（《归园田居》之二）这些诗句背后隐藏着的是诗人希望能够自给自足、摆脱人世困扰的文人心理。千百年后，人们仍能品出其诗作中绵长的意味和真诚的人文关怀。

3　蚕桑劳作之艰辛，呼唤平等和谐的人际关系

蚕桑素材的入诗使诗词具有鲜明的现实主义色彩。在众多的古典蚕桑诗词中，既可看到"漠漠余香着草花，森森柔绿长桑麻。池塘水满蛙成市，门巷春深燕作家"（南宋·方岳《农谣》）的田园牧歌般美景，又能听到"浴蚕才罢喂蚕忙，朝暮蓬头去采桑。辛苦得丝了租税，终年祇著布衣裳"（南宋·叶茵《蚕妇叹》）的悲叹感慨[6]。这些充满真切同情的叙述和犀利深刻的揭露继承了源自《诗经》以来的中国诗歌现实主义传统，使蚕桑题材的诗歌回归到了最初关乎民生的主题。在古典蚕桑题材的诗词中，有不少描写蚕桑劳作的艰辛，唐代诗人唐彦谦的《采桑女》诉说了蚕农的悲惨生活："春风吹蚕细如蚁，桑芽才努青鸦嘴。侵晨探采谁家女，手挽长条泪如雨。"在《桑》诗中，王安石同样深切表达了对为了生计在田头陌上奔波劳碌采桑女的同情："溪桥接桑畦，钩笼晓群过。今朝去何早，向晚蚕恐饿。"白居易在《重赋》一诗中，揭露统治阶层"缯帛如山积，丝絮似云屯"的奢侈生活，而劳动人民处于"幼者形不蔽，老者体无温"的悲惨境地，也深切地表达了对养蚕人的同情；明代杨基的《陌上桑》含蓄深刻地直指黑暗的社会现实："青青陌上桑，叶叶带春雨。已有催丝人，咄咄桑下语。"而宋代张俞的《蚕妇》则以浅显易懂的语言描述了一个令人惊醒的故事："昨日入城市，归来

泪满巾。遍身罗绮者，不是养蚕人。"与这如出一辙的是蒋贻恭的《咏蚕》："辛勤得茧不盈筐，灯下缫丝恨更长。著处不知来处苦，但贪衣上绣鸳鸯。"出生贫苦农家、洞悉民间疾苦的王冕对采桑养蚕的实际生活进行了逼真的描述："陌上桑，无人采，入夏绿阴深似海。行人来往得清凉，借问蚕姑无个在。蚕姑不在在何处，闻说官司要官布。蚕姑且将官布办，桑老田荒空自叹。明朝相对泪滂沱，米粮丝税将奈何？"诗歌将悲悯的目光投向现实劳作中采桑女的悲惨境遇，对采桑女终日辛劳，却一无所有的悲惨状况表示了深切的同情。与此同时，对官府的无情冷酷与残暴行径给予了深刻的讽刺和揭露。

　　与弱肉强食等级制度下的黑暗社会现实形成鲜明的对比，是诗人们笔下诗化了的田园生活。寻求自然山水以安抚身心，止泊精神，是中国文艺的一大传统。与滚滚红尘的喧嚣复杂相比，大自然往往具有一种宁静纯洁的氛围美，大自然的无欲无求、质朴天成对于那些身负救国济民重任而又因种种官场污浊腐朽而不能尽骋其志，以致被官场中的尔虞我诈、钩心斗角弄得身心疲惫的志士仁人来说，无异于"用以慰藉心灵痛苦的心灵鸡汤"。唐代诗人孟浩然名篇《过故人庄》："故人具鸡黍，邀我至田家。绿树村边合，青山郭外斜。开轩面场圃，把酒话桑麻。待到重阳日，还来就菊花。"首先，诗作充分展现了人与自然的关系。"绿树村边合"，村子的周边栽植了许多树木，村庄的不远处就是"城郭"，城郭之外就有青山。"青山郭外斜"，青山为什么用"斜"呢？这表明青山是蜿蜒的，这首山水田园诗是首非常优美的诗，"斜"也体现了一种曲线美。可以想象得到，这个村庄是被绿树包围的，不远处城市的外围有一道青山，这样的环境是一种非常宜居的环境，这就是孟浩然的朋友请他去做客的地方[7]。这里，我们不只是看到了一幅绿树环绕、青山横斜而清淡的水墨画，而且可以清楚地感受到朋友相待的热情、做客的愉快。这是一种平等互爱、淳朴率真、和谐自然的邻里关系，在平淡中蕴藏着深厚的友情，这种诗化了的田园生活跃然纸上，令人向往。

参考文献

[1]　杨灿. 生态审美视野中的中国古典诗歌[J]. 中南林业科技大学学报（社科版），2010（3）：34-41.

[2]　张玉香. 生态美学意义浅谈[J]. 山东社会科学，2003（2）：55-56.

[3]　曾艳红. 唐诗中的蚕桑题材及其审美意义[J]. 盐城师范学院学报（人文版），2009（5）：55-58.

[4]　杨灿. 古典诗歌中的蚕桑意象及其生态审美意蕴[J]. 中南林业科技大学学报（社科版），2014（6）：116-119.

[5]　陈悦玲. 浅析陶渊明的生态观[J]. 文学教育，2009（4）：64-65.

[6]　李奕仁，李建华. 神州丝路行[M]. 上海：上海科学技术出版社，2009：494-495.

[7]　曾大兴. 古典诗词的现代魅力 [EB/OL]. 南方网，（2010-01-30）. http：// www. 360doc. com/content/10/0430/09/363711＿25535345. shtml.

古典蚕桑诗词审美价值探微

蚕桑诗词作为古典诗词的一部分，独具自己的特色，它与先民的劳动生活紧密相连，与先民的情感息息相关，同时又承载了文人们的真情实感。从蚕桑诗词中，既可看到先民劳作的艰辛，体会他们的欢乐和痛苦，又可窥见文人墨客的善感心灵。散见于《诗经》《楚辞》《乐府诗集》以及唐诗、宋词、元曲与明清诗词歌赋中的蚕桑题材诗词，其篇目无一不注入了富有生命力的情感与活力。研读、探究古典蚕桑诗词，对于发掘其文学价值、史学价值和经济价值具有重要意义。

1 蚕桑诗词的文学艺术价值

我国是世界上最早从事蚕桑产业的国家，历代统治者对植桑养蚕都非常重视。人们在从事蚕桑劳作的过程中，寓情于物，寄托情感，形成了独特的蚕桑文化[1]。蚕桑诗词以兴桑、采桑、养蚕、缫丝、丝市等活动内容为题材，与先民生存息息相关，与先民生产生活场景密切联系。可以领略到诗词中田园般的风光之美，可以感受到诗词中蚕农丰收的喜悦和苛赋下的痛楚，体会到诗人对蚕农的同情与关爱。真实再现了古代蚕桑生产生活的朴实浪漫和历史风貌[2]。

"人景相融"的田园美。中国是一个古老的农业大国，农业劳动自古以来就是古人获取物质资料的主要生产方式。在与大自然的日益相处中，古人立足于脚下的热土，用自己勤劳的双手去开发家园，创造财富和文明。"春日载阳，有鸣仓庚。女执懿筐，遵彼微行，爰求柔桑。春日迟迟，采桑祁祁。""蚕月条桑，取彼斧斨。以伐远扬，待彼女桑。"早在诗经时代的《诗经·豳风·

七月》中，就系统地描绘了古代农家采桑女采桑的全过程。采桑女在明媚的春日里结伴同行，去桑林中采桑的情景在人眼前时隐时现。韩偓的"万里清江万里天，一村桑柘一村烟"（《醉青》），林逋的"乳雀啁啾日气浓，稚桑交影绿重重"（《初夏》）以及王维的"雉雊麦苗秀，蚕眠桑叶稀"（《渭川田家》），陆游的"桑柘成阴百草香，缫车声里午风凉"（《示客》），"郁郁林间桑葚紫，茫茫水面稻苗青"（《湖塘祖归》）等都是这一类令人心驰神往的上乘佳句[3]。

　　"心物交感"的爱情美。蚕桑诗词记载的是古人们特有的爱情，从大自然之客观景象与人的主观情感交织的角度去感受主人公在大自然的怀抱中追求爱情的大胆、热烈、纯真与和谐[4]。古代与爱情相关的诗词中，蚕桑往往跟美女联系在一起。"将仲子兮，无逾我里，无折我树杞。岂敢爱之？畏我父母。仲可怀也，父母之言亦可畏也。将仲子兮，无逾我墙，无折我树桑……"《诗经·郑风·将仲子》这是一首情歌。一对男女热恋中，女人害怕她父母家人发现后指责和邻居议论。她劝告她的恋人不要在夜里跳墙约会，其相思相恋之情以及少女内心之羞涩胆怯皆表露无遗。在诗人笔下，劳动着的采桑养蚕的女子是美丽动人、充满活力的。如汉乐府《陌上桑》中的秦罗敷"日出东南隅，照我秦氏楼。秦氏有好女，自名为罗敷。罗敷喜蚕桑，采桑城南隅。青丝为笼系，桂枝为笼钩"。养蚕植桑的美女罗敷清新动人，充满了生活气息。南北朝乐府诗《采桑度》："蚕生春三月，春桑正含绿。女儿采春桑，歌吹当春曲。冶游采桑女，尽有芳春色。姿容应春媚，粉黛不加饰。"采桑女在春天明媚的阳光下柔媚动人。三国时曹植《美女篇》："美女妖且闲，采桑歧路间。柔条纷冉冉，叶落何翩翩……"寥寥两句，一幅美女采桑图便生动地浮现在读者眼前。植桑养蚕的女子是美丽的，辛勤劳作的人们的爱情纯洁朴实。很多与蚕桑有关的爱情诗句洋溢着浓厚的生活气息，爱情在劳动场景中时有呈现。

"感慨悲愤"的怨刺美。植桑养蚕，缫丝纺纱，是劳动者的工作。辛勤的蚕妇披星戴月采摘桑叶，喂养蚕虫，择茧缫丝，制成顺滑柔软的丝绸却不能自己享用，正如唐张俞《蚕妇》所写"遍身罗绮者，不是养蚕人"。蚕桑诗词对蚕妇辛苦劳作的生活做了详尽描述。宋代翁卷的《东阳路傍蚕妇》"两鬓樵风一面尘，采桑桑上露沾身。相逢却道空辛苦，抽得丝来还别人"是对劳作者不得享用其劳动果实的不公平现实的愤慨。宋代谢枋得的《蚕妇吟》"子规啼彻四更时，起视蚕稠怕叶稀。不信楼头杨柳月，玉人歌舞未曾归"，"蚕妇""玉人"一厢辛劳一厢享受的生活对比鲜明。蚕租，作为苛税的一种，也是官吏地主盘剥百姓的手段之一，这在与蚕桑有关的诗词中得到体现。白居易在《杜陵叟》一诗中为蚕农发出了"典桑卖地纳官租，明年衣食将何如？剥我身上帛，夺我口中粟。虐人害物即豺狼，何必钩爪锯牙食人肉？"的强烈呼声，诉说了蚕农的悲惨生活，还在《重赋》一诗中，揭露统治阶级"缯布如山积，丝絮似云屯"的奢侈生活，而劳动人民处于"幼者形不蔽，老者体无温"的悲惨境地[5]。

"比兴手法"的意蕴美。古人所思所言善用赋比兴，朱熹在《诗经传》中对"赋、比、兴"做了简单明了的说明："赋者，敷陈其事而直言之也；比者，以彼物比此物也；兴者，先言他物以引起所咏之词也。"在《诗经》中，运用比兴手法可谓比比皆是。所谓"比"就是当下讲的比喻，往往以一些自然景物比喻社会中客观存在的事物、现象或情感。"桑梓"是一个具有特定含意的词汇，用来指代"故乡"，出自《诗经·小雅·小弁》："……维桑与梓，必恭敬止。靡瞻匪父，靡依匪母。不属于毛？不罹于里？天之生我，我辰安在？……"桑是丝之本，商周时期的女性用丝做衣。而梓树是栋梁之材，比喻父亲，是以桑梓指代父母。古人用"桑梓—父母—故乡"这样一组绝妙的联想设喻，可谓恰到好处。"桑"与"梓"在诗中的比兴手法运用恰到好处，正因如此，随着这首脍炙人口的诗篇的传承，"桑梓"成为中国传统文化中一个具有特定含义的词汇，成为"故乡"的代名词。用于赋比兴——桑叶。将桑叶作为一种比喻的事物，这是非常有意思的。将要长出叶子的嫩芽称为桑眼，叶子茂盛时肥硕润泽，叶子黄时称桑落。桑是落叶乔木，桑之没落时满眼绿海，不过几日工夫便枯黄脱落，凋零满地，桑枝头光秃秃，再也不复惹人爱怜的模样，剩下一片沧桑。《诗经》作者正是观察到桑叶的这种自然状态，用它来比喻女子失爱。《诗经·卫风·氓》中的"氓之蚩蚩，抱布贸丝。匪来贸丝，来即我谋。送子涉淇，至于顿丘……桑之未落，其叶沃若。于嗟鸠兮！无食桑葚……桑之落矣，其黄而陨……"，诗中女主人公以桑自喻，在桑叶没有凋落之时，它的叶子是那么美好，一旦桑叶凋落，叶子枯黄，它的青春美丽也就不再了。自从我嫁给你之后，一直过着贫苦的生活，淇水汤汤，打湿了我车上的布帘。我没有违背我们之间的一切，然而你却背叛了我，随心所欲而为之。

2 蚕桑诗词的史学传承价值

时下现存关于蚕桑专题性翔实而系统的史料和蚕桑主题的史学著作并不多见，而古典蚕桑诗词中蕴藏着极为丰富的史料，为研究古代蚕桑史及蚕桑文化提供了难得的佐证。以写实为主的蚕桑诗词，从一定意义上也就具有"史"的功能，从蚕桑诗词中可以发掘历史上蚕桑分布与发展状况，可以了解封建王朝对蚕桑赋税的盘剥，可以体察封建社会蚕农从蚕桑劳作中受益的生活境况。

我国最早的诗歌总集《诗经》中数遍提到桑。《鄘风·桑中》《小雅·隰桑》《大雅·桑柔》等篇目自不必说，其余各篇中"桑"亦屡见不鲜，如写桑之所在的"阪有桑"（《秦风·车邻》）、

"南山有桑"(《小雅·南山有台》);写鸟雀止于桑及食桑葚的"交交黄鸟,止于桑"(《秦风·黄鸟》)、"鸤鸠在桑"(《曹风·鸤鸠》)、"翩彼飞鸮,集于泮林,食我桑葚"(《鲁颂·泮水》);写住所周围有桑的"无逾我墙,无折我树桑"(《郑风·将仲子》);写整理桑树的"蚕月条桑"(《豳风·七月》);写采桑的"彼汾一方,言采其桑"(《魏风·汾沮洳》)、"桑者闲闲兮""桑者泄泄兮"(《魏风·十亩之间》);写伐桑枝条为燃料的"樵彼桑薪"(《小雅·白华》)。由上可见,当时桑树遍布,可谓随处可见。探索中国古代的桑树种植,北朝隋唐当是一个非常重要的时期。任昉在《述异记》中描绘:"大河之东,有美女丽人,乃天帝之子,机杼女工,年年劳,织成云雾绢缣之衣……"古诗十九首中:"迢迢牵牛星,皎皎河汉女;纤纤擢素手,札札弄机杼。"在这些劳动场面的描写中,常把美丽的妇女与从事蚕桑业的劳动联系在一起,可见当时的植桑养蚕已渗透到人们的精神世界里了。崔颢《赠轻车》将人们带入初唐从幽州到洛阳广泛种桑养蚕的历史画卷:"悠悠远行归,经春涉长道。幽冀桑始青,洛阳蚕欲老。"唐彦谦笔下的采桑女展现了劳动与美的结合。诗云:"种桑百余树,种桑三十亩。衣食既有余,时时会亲友。"可以看出,桑树作为当时主要的种植作物,在诗、词人的作品中常常与自给自足的田园生活联系在一起。"种桑百余树"已经是当时农人保障衣食平安的重要生产方式之一。所以我们不难发现唐代田园诗人描绘的田园风光里总少不了桑、蚕元素的点缀[6]。

岑参《送颜平原》诗云:"郊原北连燕,剽劫风未休。鱼盐隘里巷,桑柘盈田畴。"诗中可见当时华北平原尤其是德州、幽、燕一带,桑柘遍野,好一派蚕桑兴盛的场景,也表明蚕桑在北方得到推广并取得成效。李白《春思》诗云:"燕草如碧丝,秦桑低绿枝。"诗两句以相隔遥远的燕、秦两地的春天景物起兴,颇为别致。"燕草如碧丝",当是出于思妇的悬想;"秦桑低绿枝",

才是思妇所目睹。把目力达不到的远景和眼前近景配置在一幅画面上，并且都从思妇一边写出，从逻辑上说，似乎有点障碍，但从"写情"的角度来看，却是可通的。试想：仲春时节，桑叶繁茂，独处秦地的思妇触景生情，终日盼望在燕地行役屯戍的丈夫早日归来；她根据自己平素与丈夫的恩爱相处和对丈夫的深切了解，料想远在燕地的丈夫此刻见到碧丝般的春草，也必然会萌生思归的念头。见春草而思归，语出《楚辞·招隐士》："王孙游兮不归，春草生兮萋萋。"首句化用《楚辞》语，浑成自然，不着痕迹。诗人巧妙地把握了思妇复杂的感情活动，用两处春光，兴两地相思，把想象与回忆同眼前真景融合起来，据实构虚，造成诗的妙境。王维《渭川田家》诗云："雉雊麦苗秀，蚕眠桑叶稀。田夫荷锄至，相见语依依。"诗描写田家闲逸，面对夕阳西下，夜幕降临，怡然自得的田家晚归景致，顿生羡慕之情。全诗用白描手法，描绘了渭河流域初夏乡村的黄昏景色，清新自然，诗意盎然。从《春思》《渭川田家》诗中也不难了解陕西长安县一带唐朝蚕桑发展情况，李白当年离开长安远游到达吴越地带，在《寄东鲁二稚子》中写道："吴地桑叶绿，吴蚕已三眠。"将吴地桑叶碧绿，饲蚕忙碌景象如诗如画描述出来。吴越地带，唐朝属于江南道，是我国古代蚕桑业发祥地之一，吴越地带蚕桑之兴盛也就可想而知了。

白居易的《杜陵叟》一诗千古传颂，诗云："典桑卖地纳官租，明年衣食将何如？剥我身上帛，夺我口中粟。虐人害物即豺狼，何必钩爪锯牙食人肉？""杜陵叟"在大荒之年，遇上这样不顾百姓死活的"长吏"，叫天天不应，喊地地不理，只好忍痛把家中仅有的几棵桑树典当出去，可是仍然不够缴纳"官租"，迫不得已，再把赖以为生的土地卖了来纳税完粮。可是桑树典了，"薄田"卖了，到时候连"男耕女织"的本钱都没有，第二年的生计也没有办法了。这种来自"长吏"的人祸，让"农夫之困"

越发雪上加霜。由《杜陵叟》可见安史之乱之后，封建统治者加重了蚕桑税负，蚕农生活凄苦无助，也暴露了唐朝中后期官民争利，阶级矛盾的尖锐。从明朝于谦的《采桑妇》、清朝惠士奇的《簇蚕词》中，也可见到蚕农的辛劳、蚕税的繁重、社会的不平等。上述列举的这些蚕桑诗词多层面反映了不同时期蚕桑的生产、蚕农的生活及社会矛盾，称之为"蚕桑史诗"当之无愧。

3　蚕桑诗词的经济信息价值

在众多的蚕桑诗词中，不少篇目透视出经济学的思想萌芽或朦胧的经济学思维方式以及经济价值讯息，值得令人玩味和思考。宋代张俞《蚕妇》诗："昨日入城市，归来泪满巾。遍身罗绮者，不是养蚕人。"这是一首有仇富情结的诗，是农业社会的思考方法。"遍身罗绮者，不是养蚕人"这是常态，社会分工不同，有贫富差距也正常，劳动的人不一定富，劳动的人为什么不富？因为可能缺乏头脑。自古至今靠劳动致富者鲜矣，劳动还要会经营，在农业社会才能逐步变得富裕。当然这里指的是体力劳动，按照以上逻辑，造币厂的工人就应该很有钱了，这是没有道理的。穷人和富人也是一种分工，只要没有阶层固化，对经济发展是有利的[7]。

蚕桑生产是特殊行业，其发展繁荣与市场需求紧密相关。中国蚕桑产品进入市场的时间很早，在诗词中亦有反映和呈现。如：《诗经·卫风·氓》中："氓之蚩蚩，抱布贸丝。匪来贸丝，来即我谋。"诗表明至少在西周时期，丝和丝织品已经进入市场，利用丝进行物物交换，让丝作为交换的媒介，丝或丝织品起到促进交换的作用。联系欧亚市场的丝绸之路，王之涣《凉州词》诗："黄河远上白云间，一片孤城万仞山，羌笛何须怨杨柳，春风不度玉门关。"唐代诗人写戍边的诗词乃是丝绸之路的古诗词之一，丝绸之路也正是蚕桑产品市场国际化的产物。表明那个时期蚕桑产业已逐步走出国界、面向世界市场。蚕桑产品市场的国际化直接刺激了汉唐时期中国蚕桑业的大发展、大繁荣。然而封建社会的社会制度对蚕桑市场的控制又极大地妨碍了蚕桑的进一步发展，有诗词为证，唐代王健《簇蚕辞》诗："三日开箔雪团团，先将新茧送县官。已闻乡里催织作，去与谁人身上著。"唐代唐彦谦《采桑女》诗："春风吹蚕细如蚁，桑芽才努青鸦嘴。清晨采桑谁家女，手挽长条泪如雨。去岁初眠当此时，今岁春寒叶放迟。愁听门外催里胥，官家二月收新丝。"这两首诗词从不同的侧面反映了政府对蚕农的剥削。唐末，朝廷财政入不敷出，统治者加紧了掠夺，把征收夏税的时间提前了：官家在二月征收新丝。多么蛮横无理！阴历二月，春风料峭，寒气袭人。采桑女凌晨即起采桑，可见多么勤劳。可她却无法使"桑芽"变成桑叶，更无法使蚂蚁般大小的蚕儿马上长大吐丝结茧。而如狼似虎的里胥（里中小吏），早就逼上门来，催她二月交新丝。想到此，她手攀着柔长的桑枝，眼泪如雨一般滚下。诗人不着一字议论，而以一位勤劳善良的采桑女子在苛捐杂税的压榨下所遭到的痛苦，深刻揭露了唐末苛政猛于虎的社会现实。苛政对蚕桑市场的压制，蚕农无市场自主权，生产积极性受到挫败。丝及丝制品实际上只是古代的一种奢侈品，主要用于对外贸易，供应皇宫、奖赏大臣和一些商贾大家，无法进入"寻常百姓家"。因此，消费群体十分有限，普通群众这一庞大市场无法激活，导致市场的有限性，而市场的有限性必然又制约到蚕桑生产的进一步发展。唐代邵谒《寒女行》诗云："养蚕多苦心，茧熟他人丝。织素徒苦力，素成他人衣。青楼富家女，才生便有主。终日着罗绮，何曾识机杼。"揭露了封建社会随时可见的一个现实问题：寒女和富家女截然不同的两种命运：寒女受尽剥削，身无依傍；富家女遍身罗绮享尽富贵。在封建社会里，"遍身罗绮者"毕竟只是少数，他们仅仅是一个小的消费群体，一个局部狭小的消费市场，也许这正是隋唐以后蚕桑业长期得不到长足发展的一个重要原因。

参考文献

[1] 李静. 从蚕桑文化看古人如何对待自然物[J]. 农业考古，2013（6）：216-218.

[2] 徐作明，孙静雅. 中国古代蚕桑诗歌及其价值[J]. 北方蚕业，2011（1）：68-70.

[3] 雷国新. 古典蚕桑诗词之生态审美[J]. 蚕丝科技，2018（4）：33-37.

[4] 瞿娟. 论《诗经》的生态思想及其当代价值[J]. 中国优秀硕士论文数据库，2009：26-34.

[5] 谢倩云，温优华. 中国古代诗词与蚕桑文化[J]. 安徽文学，2007（5）：170-171.

[6] 雷国新，雷语. 农耕桑话[J]. 蚕丝科技，2015（1）：28-31.

[7] 丁立新. 古诗词中的经济学[J]. 读书文摘，2016（8）：194.

古典蚕桑诗词的情感文化

古典蚕桑诗词是中华传统文化中最能体现国人情感世界、最能展示时代风采的一种艺术形式。从"南山有桑，北山有杨"（《诗经·南山有台》）的诗歌，到"黄河西来决昆仑，咆哮万里触龙门"（唐·李白《公无渡河》）的盛唐景象，再到"一腔热血勤珍重，洒去犹能化碧涛"（近代·秋瑾《对酒》）的家国情怀，无一不将"情感"挥洒得淋漓尽致[1]。

1　对大自然的尊崇向往之情

在文学中，大自然是一个富有生命、充满灵性的世界，是人类的家园和归宿。古典蚕桑诗词中的自然山水，反映了中国古代文人生活的一种独特形态。诗人们通过自己的诗词人化自然，使自然景观与人文景观交相辉映。魏晋诗人陶渊明《归园田居》之二："白日掩荆扉，对酒绝尘想。时复墟曲人，披草共来往。相见无杂言，但道桑麻长。"诗人摆脱了"怀役不遑寐，中宵尚孤征"的仕官生活之后回到了偏僻的乡村，极少有世俗的交际应酬和官场中人造访，所以他非常轻松地说"野外罕人事，穷巷寡轮鞅"，他总算又获得了属于自己的宁静。时常和乡邻共话桑麻，诗人与乡邻的关系显得那么友好淳厚。当然，乡村生活也有它的喜惧。"桑麻日已长，我土日已广"，庄稼一天天生长，开辟的荒土越来越多，令人喜悦；同时又"常恐霜霰至，零落同草莽"，担心自己的辛勤劳动毁于一旦，心怀恐惧。这一喜一惧，并非"尘想"杂念，相反，这单纯的喜惧，正反映了经历过乡居劳作的洗涤，诗人的心灵变得明澈了，感情变得淳朴了。诗人用质朴无华的语言、悠然自在的语调，叙述乡居生活中的日常片段，让读者领略乡村的幽静及自己心境的恬静。而在这一片"静"的境界中，流荡着一种古朴淳厚的情味。

"绿遍山原白满川，子规声里雨如烟。乡村四月闲人少，才了蚕桑又插田"（南宋·翁卷《乡村四月》）这首诗以白描手法写江南农村初夏时节的景象。绿原、白川、子规、烟雨，寥寥几笔勾勒出水乡初夏时特有的景色。后两句写人，画面定格在稻田插秧的农夫形象，衬托了"乡村四月"农事的紧张和繁忙。前呼后应，交织成一幅色彩鲜明的图画。四月的江南，山坡是绿的，原野是绿的，绿的树，绿的草，绿的禾苗。在绿色的原野上河渠纵横交错，举目望去，绿色的禾苗，白茫茫的水面，全都笼罩在淡淡的烟雾之中。那是雾还是烟？都不是，那是如烟似雾的蒙蒙细雨。时不时从远远近近的树上、空中飘来几声布谷鸟的呼唤。诗人的眼界是广阔的，笔触是细腻的，色调是鲜明的，意境是朦胧的，可谓动静结合，声色相间。整首诗就如同一幅色彩鲜明的美图，折射出诗人对乡村风光的喜爱与向往，同时也展现了对辛勤劳作农夫的尊崇和对生活的赞美[3]。

唐代诗人孟浩然《过故人庄》："故人具鸡黍，邀我至田家。绿树村边合，青山郭外斜。开轩面场圃，把酒话桑麻。待到重阳日，还来就菊花。"其描绘了美丽的山村风光和平静的田园生活，诗人表达了对这种生活的向往。用语平淡无奇，叙事自然流畅，但情感真挚，诗意醇厚，有"清水出芙蓉，天然去雕饰"的美学情趣。整首诗没有渲染雕琢的痕迹，自然的风光、普通的庭院、醇厚的友谊，这些真真切切的生活场景，这种淡淡的平易近人的风格，与作者描写的朴实的农家田园和谐共处，恬淡亲切却不觉枯燥，在平淡中蕴藏着深厚的情感。储光羲《田家即事》："桑柘悠悠水蘸堤，晚风晴景不妨犁。高机犹织卧蚕子，下坂饥逢饷馌妻。杏色满林羊酪熟，麦凉浮垄雉媒低。生时乐死皆由命，事在皇天志不迷。"诗句绘出如画的田园美景，也表达了诗人对田园生活的喜爱之情。李白《赠清漳明府侄聿》："河堤绕绿水，桑柘连青云。赵女不冶容，提笼昼成群。缫丝鸣机杼，百里声相闻。"诗写百姓发展生产。河堤绕着绿水，柘树连排，远及青云。美女不打扮妖冶之容，白天成群结队，提笼采桑。夜间缫丝织布，机杼和鸣，百里之内声息相闻。描述了男耕女织、各安其业、社会繁荣、民富可知、情景迷人的田园风光。

2 诉说男女爱恋与相思之情

爱情是文学讴歌的主题，古人表达爱情的方式往往托物言情。蚕桑，在古代爱情诗词中，成了爱情的信物，见证了男女相思、相爱与悲欢离合。

《诗经·小雅·隰桑》："隰桑有阿，其叶有难。既见君子，其乐如何。隰桑有阿，其叶有沃。既见君子，云何不乐。隰桑有阿，其叶有幽。既见君子，德音孔胶。心乎爱矣，遐不谓矣？中心藏之，何日忘之！"诗描写女子思念情人而永不忘怀的情感。诗以"隰桑"起兴，写桑叶的柔美、肥厚，进而变得青黑，象征着感情的层层深入，用物象的变化表达时间的递进。洼地上桑林枝繁叶茂，浓翠欲滴，婀娜多姿，这正是青春美的象征。桑林浓荫，正是少男少女幽会的最佳场所。诗人触景生情，想到她心爱的人，竟按捺不住心头的一阵狂喜。她在想，见着自己心爱的人时那种无法言说的快乐。她越想越出神，也越入迷，竟如醉如痴，似梦还醒，已完全沉浸在情人会面的欢乐之中，仿佛耳际听到他软语款款，情话绵绵。这甜蜜的轻声耳语，如胶似漆的恋情，叫她难以自已。诗人所表现的如火一样炽热的爱情，显得如此纯真、大胆，然而这只是她心里所设想的幽会场景。所以当诗人从痴想中清醒过来，重新面对现实，她瞬间又变得怯弱羞涩，呈现出苦恼和矛盾的心理。本来她深爱着心上人，但又不敢向对方表白自己的爱，她扪心自问：既然心里如此爱着他，何不向他和盘托出呢？尽管她一再自我鼓励，但是终于缺乏这种勇气，至今仍是无可奈何地把爱深深藏地在心底，然而这已萌芽了的爱情种子自会顽强生长。"何日忘之"正透露着这一爱情信息。相信总有一天爱情种子定会像"隰桑"一样，绽放出美丽的爱情之花，结出幸福的爱情之果。"中心藏之，何日忘之"这两句叙情诗一波三折，其突出的概括力，成就了千古传颂的名句。

《诗经·墉风·桑中》："爰采唐矣？沫之乡矣。云谁之思？美孟姜矣。期我乎桑中，要我乎上宫，送我乎淇之上矣。爰采麦矣？沫之北矣。云谁之思？美孟弋矣。期我乎桑中，要我乎上宫，送我乎淇之上矣。爰采葑矣？沫之东矣。云谁之思？美孟庸矣。期我乎桑中，要我乎上宫，送我乎淇之上矣。"《桑中》是男子邀请女子相会的情歌。诗三章全以采摘某种植物起兴。这是上古时期吟咏爱情、婚嫁、求子等内容时常用的手法之一，在上古时期，采摘植物与性有着某种神秘的或是象征性的联系，至于两者之间在文化上为何能牵系在一起或如何发生瓜葛，这与原始交感巫术有关。但若从现代美学角度来看，以采摘植物起兴爱情等题材，在审美上和爱情上倒也有一定的同构同形关系，因为炽热的情欲与绿意葱茏的草木都可给人带来勃然的欣悦。所以，以"采唐""采麦""采葑"起兴，在含蓄中有深情，形象中有蕴意。"兴"以下的正文中，主人公完全沉浸在了狂欢后的甜蜜回忆里。除每章更换所欢爱者外，三章竟然完全相同，反复咏唱在"桑中""上宫"里的销魂时刻以及相送淇水的缠绵，写来又直露无碍，如数家珍。似乎以与多位情人幽会为荣乐，表现了一位多情浪子渔色后的放荡、得意心态。

《唐·李白·春思》："燕草如碧丝，秦桑低绿枝。当君怀归日，是妾断肠时。春风不相识，何事入罗帏。"诗写一位出征军人的妻子在明媚的春日里对丈夫梦绕魂牵的思念，以及对战争早日胜利的盼望，表现思妇的思边之苦及其对爱情的坚贞。诗中头两句以相隔遥远的燕、秦两地的春天景物起兴，颇为别致。把目力达不到的远景和眼前的近景配置在一幅画面上，并且都从思妇一边写出，从逻辑上说，似乎有点障碍，但从写情的角度来看，却是可通的。诗人巧妙地把握了思妇复杂的感情活动，用两处春光，兴两地相思，把想象和怀疑及眼前的真景结合起来，据实构虚，造成诗的妙境。这样不仅起到了一般兴句所能起的烘托情感的作用，而且还把思妇对于丈夫的真挚的感情和他们夫妻之间心心相印的亲密关系描写出来，这是一般兴句不容易做到的。第三、四句直接承接了上两句的理路，仍从两地着笔。丈夫及春怀归，按理说，诗中的女主人公应该感到欣喜才是，而下句竟以"断肠"承接，这又似乎违背了一般人的心理。但如果联系上面的兴句细细体会，就会发现，这样写对表现思妇的感情又进了一层。诗最后两句捕捉了思妇在春风吹入闺房，掀动罗帐的一刹那的心理活动，表现了她对行役屯戍未归的丈夫的殷殷思念之情。从艺术角度讲，这两句让多情的思妇对着无情的春风发话，又仿佛是无理的，但用来表现独守春闺的特定环境中的思妇的情态，又令人感到真实可信。春风撩人，春思缠绵，申斥春风，是为了表达孤眠独宿的少妇对丈夫的思情。以此作结，恰到好处[4]。

3　讽喻世弊的忧国忧民之情

诗歌有兴观群怨的文学传统，讽喻很早就成为诗歌诸多功能之一。文学的批判精神在古代诗词中得到很好的诠释，古代文人多关注现实，抒发现实生活中碰撞的真情实感，他们忧国忧民，对劳苦人民的同情在诗歌中得到体现。在古代与蚕桑有关的诗词中，更多的是描写劳苦人民的困苦生活，揭露统治阶层催税逼租、盘剥劳苦人民[5] 的真相。

《唐·来鹄·蚕妇》："晓夕采桑多苦辛，好花时节不闲身。若教解爱繁华事，冻杀黄金屋里人。"这首古诗的特点就在于诗歌当中浸透的调侃意味，而诗人的讽刺就蕴含在调侃之中，耐人寻味又发人深省。开篇两句直接呼应题目，是对蚕妇日常忙碌的写照。这两句平淡无奇，就是描写养蚕人的辛苦劳作，和一般的诗词并没有多少区别。但后两句却陡然而起，赋予了诗歌新奇的内涵。"若教解爱繁华事，冻杀黄金屋里人"，如果把这些养蚕的女子都交给他们赏花赏月之类的"繁华事"，恐怕要"冻杀黄金屋里人"。诗用调侃的意味表达描述了两个阶层之间的鸿沟，但也从更深层面讽刺了达官贵人也就是"黄金屋里人"阶层的不劳而获，诗人点到为止。虽仅有只言片语，却也写透了世间百态[6]。

《宋·张俞·蚕妇》："昨日入城市，归来泪满巾。遍身罗绮者，不是养蚕人。"诗通过以养蚕为业的农妇入城里卖丝的所见所感，揭示了触目惊心的社会现实"剥削者不劳而获，劳动者无衣无食"的状况，体现了诗人对劳动人民的同情，对统治阶层的压迫剥削的不满。此诗以口语化的语言，直叙蚕妇进城后看到遍身穿罗绮的都不是养蚕人，而养蚕人却衣衫褴褛，不禁泪满衣襟。诗首两句写蚕妇的伤感，"泪满巾"可见对蚕妇感情刺激之深。后两句揭示蚕妇伤感的缘由，乃有感于获而不劳、劳而不获的不合理社会现实。诗叙写客观，不予评论，但对蚕妇命运的同情，启人思索[7]。

《唐·唐彦谦·采桑女》："春风吹蚕细如蚁，桑芽才努青鸦嘴。侵晨采桑谁家女，手挽长条泪如雨。去岁初眠当此时，今岁春寒叶放迟。愁听门外催里胥，官家二月收新丝。"诗通过对人物动作的描写和心理刻画，以及运用拟人手法对桑芽的描写，给画面增添了情趣，表达了诗人对劳动人民的深切同情。唐末，朝廷财政入不敷出，统治者蛮横无理地提前了征收夏税的时间：官家在二月征收新丝。阴历二月，春风料峭，寒气逼人。采桑女凌晨即起采桑，可她却无法使"桑芽"变成桑叶，更无法使蚂蚁般大小的蚕儿马上长大吐丝结茧。而如狼似虎的里胥（里中小吏），早就逼上门来，催她二月交新丝。想到此，她手攀着柔长的桑枝，眼泪如雨一般滚下。诗人不着一字议论，而以一位勤劳善良的采桑女子在苛捐杂税的压榨下所遭到的痛苦，深刻揭露了唐末"苛政猛于虎"的社会状况。

《宋·翁卷·东阳路旁蚕妇》："两鬓樵风一面尘，采桑陌上露沾身；相逢却道空辛苦，抽得丝来还别人。"诗首句"两鬓樵风一面尘"，静态地把蚕妇们风尘仆仆辛苦劳作的形象描写得栩栩如生，极富画面感。第二句"采桑陌上露沾身"，动态地暗示了蚕妇们一大清早便要投入劳作的辛苦。后两句"相逢却道空辛苦，抽得丝来还别人"，真切地把蚕妇们所承受的巨大经济压力刻画得入木三分。沾着露水辛勤采桑是她们生活的真实写照，然而在相逢后蚕妇们谈及的却不是收获的喜悦，而是互道生活的艰辛，此刻种种的辛劳换来的终将是一场空。全诗虽仅短短四句，但蚕妇们"劳而无获"的辛劳和辛酸却跃然纸上，透露出诗人对贫苦劳动人民的深切同情[8]。

苛税中的蚕租，是官吏地主盘剥老百姓的手段之一。《唐·白居易·杜陵叟》："……典桑卖地纳官租，明年衣食将何如？剥我身上帛，夺我口中粟。虐人害物即豺狼，何必钩爪锯牙食人肉？……"诗中的主角是一位家住在长安市郊的土生土长的农民，他世世代代以种地为业，守着一顷多的薄田，过着衣食不继的日子。诗人源于他对朝廷政治前景和国计民生的高度责任感和使命感，把视角投向生活在最底层的群众。"典桑卖地纳官租，明年衣食将如何？"，"杜陵叟"在大荒之年，遇上不顾百姓死活的"长吏"，叫天天不应，喊地地不理，只好忍痛把家中仅有的几棵桑树典当出去，可是仍然不够缴纳"官租"，迫不得已，再把赖以为生的土地卖了来纳税完粮。桑树典了，"薄田"卖了，连"男耕女织"的本钱都没有了来年的生计怎么办？这种来自

"长吏"的人祸，让"农夫之困"越发雪上加霜。看到"杜陵叟"面对的"人祸之困"比"天灾之困"更加无情、更加残酷时，白居易的心情再也无法平静了。他义愤填膺，转而以第一人称的身份出场控诉起来，"剥我身上帛，夺我口中粟"。意思是："典了桑树，卖了薄田，织不了布，种不上地，到时候没吃没穿，我们怎么生活啊？"这种由第三人称到第一人称的转换，实际上是作者内心感情的真实流露，他已经全然忘记了他朝中大夫的尊贵身份，而自觉地站在了无依无靠的"杜陵叟"一边，这对于一个封建文人来说，是非常难能可贵的。"虐人害物即豺狼，何必钩爪锯牙食人肉？"诗人站在"杜陵叟"的立场上，对那些统治阶级中，只管个人升官而不顾百姓死活的贪官污吏进行了面对面的严厉痛斥，情急之中，竟把他们比喻成了"钩爪锯牙食人肉"的"豺狼"，采用了语气极为强烈的反问句式，激愤之情跃然纸上且溢于言表。作为一个衣食无忧的政府官吏，能够对"农夫之困"如此感同身受，能够如此直接激烈地为人民鸣不平，实属不易。

参考文献

[1] 韦其江. 古典诗词仍是表述"情感"最美好的方式 [EB/OL]. 齐鲁网，(2017 - 02 - 12). http：// pinglun. iqilu. com/jiaodian/20170212/3384674. shtml.

[2] "白日掩荆扉，虚室绝尘想"全诗赏析 [EB/OL]. 古诗文网，https：// so. gushiwen. org/mingju/juv_ a1350e0991a3. aspx.

[3] 《宋·翁卷·乡村四月》注释 [EB/OL]. 古诗文网，(2013 - 12 - 21). http：// www. ciyuku. com/gudaishi/xiangcunsiyue. html.

[4] 《春思》译文及注释 [EB/OL]. 古诗文网，https：// so. gushiwen. org/fanyi_ 2050. aspx.

[5] 谢倩云，温优华. 中国古代诗词与蚕桑文化[J]. 安徽文学（下半月），2007 (5)：170 - 171.

[6] 晚唐最深刻的讽喻诗 [EB/OL]. 老张侃诗词，(2018 - 12 - 09). ht-

tps：//baijiahao. baidu. com/s？id＝1619385090244565383.

［7］　张俞.《蚕妇》阅读答案及翻译赏析［EB/OL］. 中国古诗词导航，http：//www. 360kuai. com/pc/9d653bfea49aa2280？cota＝4&kuai_so＝1&tj_url＝so_rec&sign＝360_57c3bbd1&refer_scene＝so_1.

［8］　江艳丽. 从《东阳路旁蚕妇》看翁卷诗歌的积极意义［J］. 牡丹江教育学院学报，2015（2）：7－8.

寻觅《西游记》里的古丝绸之路

《西游记》是中国古典名著，记述了唐代贞观年间唐三藏师徒自东土大唐去往西天取经，一路历经磨难，终归取回真经的故事。其途中所涉众多路段、场景与古丝绸之路不谋而合。《西游记》乃世人皆知，然而古丝绸路上的"西游"故事，远不止唐三藏师徒西行取经那么简单。千百年来无数人在这条路上行走：商人、僧侣、传教士、使臣、兵勇、探险家，乃至强盗。他们当中除了中国人还有外国人。当中国的丝绸、茶叶经过这里，满路平添无数芳香；当印度的佛经佛像经过这里，一路流淌着信仰和虔诚；当天竺的音乐舞蹈经过这里，妖娆和浪漫洒满一路。这是一条有无数有趣故事伴随的路，也是一条唤醒人们美好向往的路，当然也是一条时刻蕴藏杀机异常凶险的路。在那生死相搏中，有些人倒下了，悄然消失在沙漠里，他们把财富、心底的秘密、美好的憧憬连同身躯永远地留在了大漠深处；而勇者、幸运者虽也历经九死一生，却终归闯出魔鬼之域获得劫后余生，其长途跋涉的足迹永远湮没在茫茫沙尘和高山崇岭之中。

1 探究"西游"心灵路

《西游记》中，唐三藏师徒西行，一路抢滩涉险，降妖伏魔，历经艰险，终归取回真经。其中的故事情节、人物性格的描写特别吸人眼球；同时故事中还恰到好处地融入了不少佛、道、儒三家的理念及思想，更显得亦庄亦谐，妙趣横生，赢得不同文化层次读者的喜爱。

读《西游记》，不同读者见仁见智。佛曰：世事无相，相由心生（《元常经》）[1]。人生命中的几十年间，经历风雨沧桑、生活磨砺无数。经历曾经的天真烂漫、两小无猜、真心相待；经历人与人之间的诚实守信和坦诚相拥，同样也体验了人群中的某些矫揉造作、假意逢迎、背信弃义。随着时光的年轮把这些经历和体验一圈一圈地环绕，那心中固有的善良和淳朴还剩下几许？当揣着受伤的心灵和疲惫不堪的身躯，再读《西游记》，其感触还恍如当初吗？唉，突然发现，《西游记》不再是唐三藏西天取经的故事，它已如同一面镜子，一下窥见了人的内心：是善良、朴实、真诚，还是丑恶、狡诈、虚伪？如果再换个角度去看，从唐三藏西出长安，艰难跋涉，历经磨难，直到修成正果，其行程中的任意一个情节和任意一次交锋不都是人心灵中正与邪、善与恶的对决吗？假设我们将自己的一生当作是唐三藏西天取经的过程，那《西游记》中不同人物的形象与性格特点，在我们身上不是都能找得到吗？

孙行者悟空，本为石猴，得日月精华而生，生性精明勇敢，争强好胜，嫉恶如仇，这些就是与生俱来的正义之心。那七十二般变化，如同聪明和智慧。而火眼金睛则是作为正确与否的良心裁判。猪八戒悟能，人们多有微词，在日常生活中常借"猪""懒猪"等词语去贬低或取笑他人。而贪、嗔、痴、色、惧、懒并非猪八戒的世俗专利和典型性格，而是每个人身上固有的必然属性。无论身居高位还是一介平民，都离不开这些属性。但这些属性如果管控得好，就能产生积极因素，收获良多。国人讲究"中庸之道"，于是沙和尚悟净就成了随和低调，体现儒家中庸理念的形象。当唐三藏在想，孙悟空在做，猪八戒在说，整个团队动荡不安的时候，沙和尚却在中间起着黏合剂的作用。从而使各方面的矛盾平衡过渡，使师徒几人放下不快，重新出发。对照人们，当遇到某些事情无所适从，心中矛盾重重或苦恼万分之时，通过痛苦的心灵挣扎，最终也会选择放下。因为生活还得继续。由此可见，孙悟空、猪八戒、沙和尚三人的形象就是我们心中正义的注释，是我们在不同时段运用不同思维处理不同事件的心灵映照，也是正面形象和正能量，是我们心中可以公开示人的部分，亦可以看作是确保平安处世的必备条件。除此之外，还有负面效应的一面。在我们受到的伤害中，除来自外界的打压外，更多的是我们自身心中的魔障对自己的伤害。说得透彻些，我们的一生无时无刻都处于自己心中正义感与自己心中的不良思想、不良欲望的交锋之中。就如同孙悟空请神仙降妖除魔一样，借助社会上的正能量，借助善良、真诚、守信，借助正确的世界观、人生观、价值观，把我们心中丑恶的部分收服控制，寻找到正确的人生方向，让正能量凸显出真正的力量。可以这样结论，《西游记》是人们心中的舞台，人们心中的每一个正念、邪念就是其中的角色。即使到了每个人了此一生的时候，这些正、邪念之间的较量都不会停止，能否修成正果，那得取决于自身的悟性。

2 犹闻"丝路"马蹄声

公元 4 世纪前，希腊史学中就有关于中国丝绸的贸易记载。中国古籍中的《史记》《汉书》乃至玄奘的《大唐西域记》，对中国古代通过丝绸贸易往来的史实亦有详细记述。2000 多年来，中国丝绸贸易的史料受到各国学者的广泛关注，综合学者们的研究成果，认为中国的"丝绸之路"至少有 4 条之多。其中，陆上丝绸之路就有 3 条，第一条是张骞"凿空"西域的官方通道"西北大漠丝绸之路"；第二条是长城以北，处在匈奴族腥风暴力下的"北方草原丝绸之路"；第三条是四川云贵境内山道崎岖的"西南丝绸之路"。此外，还有第四条，就是当时尚处在惊涛骇浪中的"海上丝绸之路"。丝绸之路如同一条美丽的彩带，将古代亚洲、欧洲和非洲的古文明连接在一起。也正是这些丝绸之路，将中国的四大发明，养蚕丝织技术及华丽异彩的丝织产品、瓷器、茶叶等传递到世界各国。同时中外商人通过丝绸之路，将中亚的良驹骏马、葡萄，印度的佛教、音乐、医药，西亚的乐器、金银制作工艺、天文学、数学，美洲的棉花、烟草、番茄等输入中国，使古老的中华文明不断延续、出新和发展[2]。

古往今来，丝绸之路的兴盛使得不少有识之士去探访和亲身体验[3]，吴承恩笔下的唐三藏就是其中之一[4]。在我们熟知的《西游记》中，唐三藏是玄奘的化身，一个人妖不分、善恶难辨的糊涂和尚，其实不然。真实的玄奘是一个敢于只身一人勇闯大漠，并精通佛经的得道大师。此外，玄奘家境殷实，他俗家姓陈，父亲陈光蕊，中过状元，官拜文渊阁大学士，外祖父殷开山，官至宰相。那么玄奘又为什么要去西行取经呢？究其原因，首先须从佛教传入中国说起。公元前6世纪，释迦牟尼在印度创立了佛教。600多年后，公元67年，两位印度僧人用白马驮着佛经和佛像抵达中国，此乃佛教传入中国的初始。为纪念这个事件而建的洛阳白马寺，从此成了佛教在中国的祖庭。当时传入中国的佛经并不齐全，对佛法的曲解和误读司空见惯。长期以来，佛教派系之间各持己见，互不相让，唯一达成共识的是"在佛学发源地印度，一定藏有齐全准确的佛经，即所谓的'真经'"。

唐朝开国不久，唐太宗举办"水陆法会"的宗教活动，在各路高僧云集的京师，选出陈玄奘法师作为主持。可是玄奘法师也只能讲讲小乘教法，而大西天天竺国大雷音寺佛祖如来处典藏的大乘佛法三藏才是真经，才能解百冤之结，消无妄之灾。公元639年，玄奘受太宗之托，身着太宗赐予的"锦澜袈裟"，手持"九环锡杖"，得一（匹）良驹相伴，自长安出发，一路西行，历时17年，途径138个国家，饱经千辛万苦，终于到达天竺印度。玄奘师从戒贤大师，学习大乘佛法。

《西游记》中唐三藏收了三个徒弟，这是作者吴承恩编造出来的。但在历史上玄奘西行，还真收过一个徒弟，此人叫石磐陀。他十分崇拜玄奘，执意拜在玄奘门下为徒愿与他同行。但经过几日的行程，石磐陀觉得前途艰险，便萌生了放弃和灭师叛逃的恶念。一日石磐陀趁玄奘正在打坐之时，抽出利刃逼近玄奘。此时玄奘清楚无论是求饶还是与之对抗，都难逃一死。于是玄奘干脆静静坐着而闭目不视。此情此景，石磐陀竟不敢下手，徘徊良久终还刀入鞘。直到此时，玄奘方才开口说道："石磐陀，你为何还不走？我没有你这样的弟子，你快快回家和妻儿团聚去吧。"在玄奘的责难下，石磐陀终于惭愧而去。石磐陀的变故，可以从中看出玄奘并不是《西游记》里那个软弱的和尚，而是一个足智多谋的得道僧人，这才是真实的玄奘。

玄奘在天竺（印度）研习佛法多年后，于公元 643 年，满载经书启程回国。返程中向民众讲解佛法，普度众生。途中历时两年终于回国，受到大唐官方和民众的热烈欢迎。此后玄奘一直在长安大雁塔潜心翻译佛经，宣讲佛法。玄奘的西行将西域的佛法之道带回了中原，成就了佛教的传播。而玄奘作为一名东西方文化交流的使者，很好地将东西方文化进行了融合，玄奘在追求梦想过程中的执着精神同样值得世人铭记。

3 漫话"西游"古丝道

公元 7 世纪，《西游记》里的大唐僧人唐三藏踏路西行，前往遥远的西方寻求佛经。大漠雪山，命悬一线；城堡山岭，九死一生。他抱着"若不至天竺，终不东归一步"的壮志，最终抵达佛教圣地天竺，拜佛取经，研习佛法，其实这个人就是玄奘。玄奘西行前往天竺取经，所行经过的路线与汉代张骞"凿空"西域的"西北大漠丝绸之路"相关联。这条"丝绸之路"，东起自汉帝国都城长安（今陕西西安），经甘肃武威至敦煌，然后分为南北两路。南路出阳关沿昆仑山脉北麓，经楼兰（今若羌东北）、于阗（今和田）、莎东等地，过帕米尔（葱岭），至大月氏（音 zhi）的巴尔赫（今阿富汗境内）、安息（即波斯，今伊朗）的马鲁，再往西可达条支（今伊拉克）和罗马帝国；北路出玉门关，走高昌（今吐鲁番），沿天山山脉南侧，经龟兹（今库车）、疏勒（今喀什），过大宛（今乌兹别克的费尔干纳）、康居（今撒马尔罕）等，最后经安息到达罗马帝国[5]。

公元627年，玄奘从都城长安出发，开始了他的西域之行。首站经甘肃境内的河西走廊，因地处黄河之西，南有祁连山绵延，北有合黎山横亘，两条东西向山脉形成一条狭长的通往西域的古道而被称为河西走廊[6]。其东段起点是奔腾不息的黄河，最西段就是嘉峪关、玉门关等被后人千古吟唱的关隘。玄奘途经秦川（今天水）、兰州、凉州（今武威）、瓜州（今安西），过玉门关。然后取道新疆伊吾（今哈密）、高昌（今吐鲁番），沿天山南麓西行。经阿耆尼国（今焉耆）、屈支国（今库车）、跋禄迦国（今阿克苏）、翻越凌山（今天山穆素尔岭），沿大清池（今吉尔吉斯斯坦伊赛克湖）西行，来到素叶城（即碎叶城，今吉尔吉斯斯坦托克马西南）继续前行。经昭武九姓中的石国、康国、半国、费国、何国、安国、史国（皆在今乌兹别克斯坦境内），翻越中亚史上著名的铁门（今乌兹别克斯坦南部布兹嘎拉山口），到达今阿富汗北境，由此又南行，经翻越大雪山（今兴都库什山），来到阿富汗贝格拉姆，东行至现在的巴基斯坦白沙瓦城，就此进入印度。

玄奘出发时，得瘦马一匹相随，行至高昌时，高昌王鞠文泰以玄奘一人，身经大漠而至为由，视为有道高僧，热情接待，并力劝玄奘留在高昌弘法，而玄奘决意前往天竺求经，高昌王苦劝未留，于是玄奘只得短暂停留在高昌说法一日。行时高昌王送玄奘钱物，并给沿途各国国王及西突厥写信，请他们给玄奘路过时以关照。玄奘先后经过阿耆尼、屈支、跋禄迦等国，越过葱岭，到达碎叶城。西突厥肆叶护可汗以玄奘为唐使，以礼相待。并知会所属各国要他们接待并保护玄奘。玄奘一路顺利经昭武九姓国、吐史罗国而到达天竺。玄奘边行走边参观佛祖遗迹，终于在公元 631 年到达东印度摩揭陀国的那兰陀寺。寺中已年过百岁的戒贤大师见玄奘来访大喜，不顾年事已高，仍为玄奘开讲《瑜伽师地论》《显扬论》《对法论》等经论。玄奘在那兰陀寺 5 年，成为寺中能解经论 50 部的十人之一。后又遍游五印度，4 年后于公元 639 年再返寺中，代戒贤大师讲《摄大乘论》和《唯识抉择论》，听者无不佩服。当时玄奘本欲归国，因印度婆罗门教和小乘佛教不断批评大乘佛教，玄奘立意为大乘佛教辩护。摩揭陀之戒日王在曲女城召集大会，遍请五印度国王、沙门、婆罗门、外道等。当时印度各国国王到者 18 人，高僧 3 千人，婆罗门及尼干外道 2 千人，那兰陀寺众千余人，玄奘于是登台讲法，以梵文作《真唯识量颂》，宣示大众。印度人称玄奘为"大乘天"，其声威震葱岭，名留西域及印度百余国，此为中国学术界在国际上空前的光荣。由于摩揭陀国戒日王钦佩玄奘，特派人到中国朝贡。贞观十七年（公元 643 年），玄奘启程东归。玄奘由北印度罗耶加国出发，以马载着经文经像，沿途说法，经坦义斯罗国，渡河时遇大风，失落 50 册经本，再翻越大雪山，取南路回国。在于阗补抄失经，因所携经甚多，恐再有失，乃上表唐太宗，报告西行经过，朝廷轰动。唐太宗令丞相房玄龄、大将军侯莫陈实等前往奉迎。玄奘共带回大小乘经论 608 部、又因论 36 部、声论 13 部，共 657 部。此外还有佛像、佛骨多件，用 27 匹马载运到长安弘福寺（公元 645 年）典藏。

如上所见，玄奘去印度取经求学的过程充满不可思议的艰险，除以脆弱的生命为代价跨越大漠戈壁、冰川雪山之外，还要以毅力信念为支撑面对许多社会因素造成的巨大挑战。《西游记》把这些提炼为"九九八十一难"，把唐三藏描绘成手无缚鸡之力但内心强大的精神领袖，他对后世的影响远远超出宗教的范畴而成为中国人追梦的榜样。"你挑着担，我牵着马，迎来日出，送走晚霞。踏平坎坷成大道，斗罢艰险又出发，一番番春秋冬夏，一场场酸甜苦辣。敢问路在何方？路在脚下……”玄奘当年在丝路古道上留下的足痕，永远闪烁着千古不灭的坚韧精神。

参考文献

[1]　我眼中的《西游记》［EB/OL］. 简书，（2018 - 12 - 3），https：//www. jianshu. com/p/34ddee67fcde.

[2]　周匡明，张健. 中国蚕业史话［M］. 上海：上海科学技术出版社，2009：78 - 94.

[3]　玄奘丝绸之路的故事［EB/OL］. 瑞文网，（2018 - 2 - 26），https：//www. ruiwen. com/lizhi/gushi/549031. html.

[4]　吴承恩. 西游记［M］. 海口：海南国际新闻出版中心，1993：276 - 290.

[5]　丝绸之路的起点在哪里［EB/OL］. 中国历史网，（2018 - 7 - 31），http：//www. lsqn. cn/ChinaHistory/.

[6]　蔡铁鹰，王毅. 丝绸之路上的文化风景——《西游记》故事溯源［J］. 唯实，2016（3）：83 - 86.

《红楼梦》丝绸文化简析

中国丝绸文化源远流长，在古代文学作品和当代馆藏文物中都有涉及和呈现。位居中国四大名著之首的《红楼梦》，对丝绸及其织品的描述之丰富，在众多文学作品中实属罕见。《红楼梦》（以下简称《红》）前八十回里面，多处提到与描述丝绸相关的服饰、面料及陈设用品，其专业知识的精准与宽泛、花色品种的繁多与翔实，无不令人惊叹。这得益于作者曹雪芹出身于康熙、雍正朝代，其祖孙三代有4人做过58年江宁织造，乃世袭织造之家。自幼耳濡目染的丝绸文化伴随着他，他潜心研究，呕心沥血创作了这部《红》。

《红》中故事的发生，跨越了清代康、雍、乾的时期，当时正值中国封建社会经济发展的最末一次繁荣和辉煌。由于数千年来自然经济和农耕文明的蓬勃发展，必定作用到人们的衣食住行等日常生活的变化中，清代丝织业的空前繁荣，助推了服装、刺绣、戏衣及床上用品等行业的壮大发展。清代皇家贵族阶层的服饰穿着率先呈现出五光十色而美轮美奂的效果。《红》中描写的丝绸织物和服装佩饰，代表了中国古代丝绸服饰文化的最高水准。书中丰富多彩的人物穿戴之文学典型特征，让读者看到了清代贵族人物穿戴服饰的时代风采，亦能品味出这些丝织和绣品与满族穿戴习俗有着千丝万缕的联系。《红》虽不是清代丝绸服饰文化史的专著，却为后世留下了中国古代丝绸服饰文化遗产的珍贵史料。

1 美不胜收的丝绸品种

《红》中曹雪芹笔下的丝绸及其织品林林总总，按现代丝绸分类标准确定的绫、罗、绸、缎、锦、纱、绡、绢、绉、绮、纺、绒、葛、呢共 14 大类中占到了 8 种。

1.1 纱、罗、绡

1972 年长沙马王堆汉墓发掘出的"素纱禅衣"仅重 49 克，"薄如蝉翼""轻若烟雾"。《汉书·江充传》："充衣纱縠禅衣。"颜师古注："纱纺丝而织也。轻者为纱，绉者为縠[1]。"《红》中第四十四回，贾母在大观园宴请刘姥姥，参观到黛玉的潇湘馆时，史老太君嫌黛玉糊窗的纱色泽旧，叫凤姐儿换了。凤姐儿说："昨日我开库房，见大板箱有几匹银红蝉翼纱。有各样折枝花样的，也有流云蝙蝠花样的，也有百蝶穿花花样的，颜色又鲜，纱又轻软。我竟没见这个样的，拿了两匹出来做两床绵纱被，想来一定是好的[2]。"贾母笑向薛姨妈众人道："那个纱比你们的年纪还大呢！怪不得他认做蝉翼纱，原也有些像。不知道的都认做蝉翼纱，正经名字叫'软烟罗'。"凤儿姐道："这个名字也好听。只是这么大了，纱罗也见过几百样，从没听见过这个名色。"贾母笑道："那个软烟罗只有四样颜色：一样雨过天晴，一样秋香色，一样松绿的，一样就是银红的。要是做了帐子，糊了窗屉，远远的看着，就似烟雾一样，所以叫作软烟罗。那银红的又叫作'霞影纱'。如今府上用的纱，也没有这样软厚轻密的了。"银红色的软烟罗又被称为"霞影纱"，可见二者极其相似，同样都是质地轻软，如何区别？古人云"方孔曰纱，椒孔曰罗"。

另外，还有一种轻薄织品，绡。绡是应用平纹或收纱组织而成，适宜做头巾、披帛、帷帐等，应用非常广泛。《红》中第七十八回，贾宝玉杜撰《芙蓉女儿诔》祭奠晴雯，其中一句"岂道红绡帐里，公子情深；始信黄土陇中，女儿命薄！"黛玉听后觉得"红绡帐里"之词太俗，二人推敲，宝玉遂将句子改为"茜纱窗下，我本无缘，黄土垄中，卿何薄命"，未料一语成谶。第三十四回，宝玉被父打后，派晴雯送了方旧帕子给黛玉，黛玉感念，遂做《锦帕三绝》，其中一道"眼空蓄泪泪空垂，暗洒闲抛更向谁？尺幅鲛绡劳惠赠，为群那得不伤悲！"中提到的鲛绡即绡，是轻纱的一种。南朝梁任昉《述异记》卷上："南海出鲛绡纱，泉室潜织，一名龙纱。其价百馀金，以为服，入水不濡。"一曲《好了歌》道尽人生悲欢，世事无常。歌中有金句曰："蛛丝儿结满雕梁，绿纱今又糊在蓬窗上""昨日黄土陇头送白骨，今宵红绡帐底卧鸳鸯""因嫌纱帽小，致使锁枷械杠，昨怜破袄寒，今嫌紫蟒长"。词中的绿纱、红绡皆是此类轻薄丝织品，而紫蟒是官袍的代称，历朝历代，官袍都是用特定的真丝料子裁成。

1.2 绸、绫、缎

"绸"又被称为"帛"，是一种平纹织物，其质地紧密，有非常柔和的珍珠般的光泽感。绸又分为茧绸、宫绸、绉绸。第三回中王熙凤一出场，下身穿的是"翡翠撒花绉裙"；第六回刘姥姥一进大观园拜见凤姐时，凤姐穿的是件"大红洋绉银鼠皮裙"；第四十二回，贾母穿着"青绉绸'一斗珠'的羊皮褂子"，可见这种厚实的绉绸可以用来做各种服饰的面子料。四十二回提及刘姥姥所得的贾府赠品中有茧绸。茧绸的原料为柞蚕丝，主要产于山东，在当时以昌邑县所出者为质优。因其丝质粗，虽别有风格，却仍然属低档丝织物。在当时或许适合刘姥姥这样的"粗民"穿戴。宫绸指宫廷专用绸，其工料极为考究。清代《苏州织造局志》卷七上载有八庵花宫绸、八庵素宫绸等名目，"花宫绸一匹需工十二日"，可见其做工之精细，质量之讲究。

"绫"，质地轻薄柔软，外表光滑平整，是使用料纹组织或变则斜纹组织，绸面呈明显斜向纹路的织品，因此表面有如同冰凌一样的纹路。《红》中对绫的描述分别有红、水红、杏子红、石榴红、葱黄、白、月白、藕色、绿、松花色等多种色彩，可用作袄、裙、被、帐、裤、肚兜、抹胸、包袱和编扎彩灯之用。绫在唐朝时已作为朝廷的袍服用料。作为高档衣料，《红》中多次提到，鸳鸯穿着"水红绫袄儿"，袭人穿着"白绫细折裙"，"半旧红绫短袄"。作者描写着墨最多的还是香菱的"石榴红绫裙"。第六十二回，香菱同豆官等五六个人斗草，闹成一团，香菱的"石榴红绫新裙子"被地面上的水沾湿。宝玉看到说："怎么就拖在水里了？可惜这石榴红绫最不经染。"十八回元妃娘娘省亲，"只见苑内各色花灯闪灼，皆系纱绫扎成，精致非常"，所以，绫子还常被用于扎灯，以及装裱书画。

"缎"，指采用缎纹组织起来的丝织物，一般先染后织，质地厚实，手感细腻柔软，绸面平滑光亮，因此又被称为"闪缎"。织锦缎从南宋时期开始出现，明代又出现了带花纹的妆花缎。至明清时期，缎织物的提花技术得到更大的发展，分类也更细，如素缎、妆花缎、闪光缎、织金缎等，多用于制作衣褂、披风、背心及靴子等。缎类织物在《红》中地位突出，其出现频率之高、花色品种之丰富，在书内丝织物中当属首位。其中提到最多的就是青缎，即黑色的缎子料，《红》中丫鬟、媳妇们穿的背心通用面料都是青缎。王夫人房里的布置也以青缎为主，如靠东壁面西设着半旧的青缎靠背引枕，靠背坐褥亦是半旧青缎。同时，青缎还可用来做靴子。黛玉初见宝玉时，宝玉就穿着"青缎粉底小朝靴"；第二十五回，马道婆跑到赵姨娘房里调了两块零碎的缎子做鞋面子，说明青缎在当时是一种较普通的面料。

1.3　锦、缂丝

"锦"，是一种应用缎纹、斜纹组织，花纹精致多彩绚丽的丝织提花织品。中国有四大名锦，即云锦、壮锦、蜀锦、宋锦。其中云锦作为宫廷用丝织品，清代由江宁织造府织造，每年向朝廷提供大量的云锦织品。云锦的传统工艺主要有"妆花""织金"和"金宝"等。妆花锦用色变化丰富，一种织物上的花纹配色可达 10 余种，最多可达 20～30 种。云锦昂贵，有"寸锦寸金"之说，其色泽光丽灿烂，美如天上云霞。云锦用料考究，所用材料多为金线、银丝、真丝、绢丝、各类鸟禽羽毛等。云锦集历代织锦工艺艺术之大成，在元、明、清三朝均为皇家御用贡品。迄今为止，云锦还只能靠人的传统手工织造，无法用现代化的机器来代替。《红》中多次出现云锦身影。第二回"荣国府收养林黛玉"中，王熙凤前往贾母处会见林黛玉时，"身上穿着缕金百蝶穿花大红洋缎窄褙袄"，这个服饰纹饰为白蝶穿花的大红织金缎窄身袄。宝玉的服饰在书中亦多次出现，"穿一件二色金白蝶穿花大红箭袖"（第三回），或是"穿着秋香色立蟒白狐腋箭袖"（第八回），或是"穿着白蟒箭袖"（第十五回），还有"大红金蟒狐腋箭袖"（第十九回）。前述织金又名库金，花纹全部用金、银两种线织出，所以著中又称二色金，一般以金线为主，少部分花纹用银线装饰。

"缂丝"，著中亦称"刻丝"。是一种平纹织物，通过"通经断纬"的方式纺织而成。"通经断纬"是云锦和缂丝的最大不同，云锦只有妆花部位断纬。缂丝在《红》中频频出现，如王熙凤就有"五彩刻丝石青银鼠褂""石青刻丝灰鼠披风"；袭人有"桃红百花刻丝银鼠袄"等。第七十一回中，贾母八十大寿，各家送的寿礼中有"江南甄家一架大屏十二扇，大红缎子缂丝'满床笏'。"

2 情景相映的丝绸纹样

中华民族是一个讲究审美的民族，历朝历代流传下来的纹样图案格式非常丰富。清代盛行吉祥纹样，做到图必有意，意必吉祥[3]。在《红》中，作者提到"蝴蝶"纹样、"三镶盘金"纹样、"蟒""纹""禅墨"纹样、"撒花"纹样、"团花"纹样、"刻丝"纹样、"掐牙镶边"纹样等 10 余种服饰纹样，作为一部旷世巨著，作者将它写成了一部集传统文化之大成的生活百科全书，服饰文化在其中更是随处可见。著中描写了各类不同阶层、不同性别、不同年龄者的穿着打扮，对每个人的服饰纹样进行了细致入微的描写。

2.1　花卉纹样

清代的花卉纹样散发着浓浓的写实味，它清丽秀雅，并且与鱼虫鸟蝶相映，以致意境顿生，倍添韵味。"百蝶穿花"纹样在《红》中颇受欢迎，其加工技法或织或绣，妙趣横生。著中在林黛玉初进贾府的时候，作者优先描写了王熙凤的服装特点，让黛玉这个见过世面的官宦小姐觉得她"彩绣辉煌，恍若神妃仙子"。在此描写中，王熙凤身上穿着一袭"缕金百蝶穿花窄银袄"，乍一看便富贵十足。"缕金百蝶穿花"是当时上层社会女性喜好的图案纹样，其组合并不复杂，花卉和蝴蝶、白梅花、粉桃花，各式各样的牡丹月季、海棠芙蓉，都被绣娘纳入了这个图案的组成部分，当时贵族人家，衣服缝制大多细致，花形复杂，其中穿插着各类不同大小的蝴蝶，和各式各样散落的花瓣，有的人家还会在缝纫过程中加入金线，这样在阳光下就显得熠熠生辉。

2.2　动物纹样

《红》中涉及的动物纹样，既有像翩翩可爱的蝴蝶这样的中国传统纹样，又有像身生双翅的波斯天马这样的外来吉祥纹样。五十三回："宁国府除夕祭宁祠"，尤氏屋内"正面炕上设着大红彩绣云龙捧寿的靠背引枕"。云龙捧寿纹样在清代曾盛行一时。云纹意指含祥瑞和仙气，龙纹则是中国至高无上的传统纹样，云绕龙飞，寿字居中，这种敬重祥祺风格的饰品正是尤氏专为迎接贾母到来而精心安排的。十五回，宝玉见北静王"穿着江牙水五爪坐龙百蟒袍"，北静王是郡王，清制郡王服有补服与蟒袍2种，后者饰五爪坐龙，前者饰五爪行龙。海水纹寓"四海清平"，江牙纹是寿山石寓"江山万代"之意，所以"江牙海水"纹都是为衬托龙纹的威严气势。蟒纹在《红》中也有出现，王夫人屋中炕上正面设有大红金钱蟒靠背，石青金钱蟒引枕，秋香色金钱蟒大条褥。靠背、引枕、条褥是设在火炕上的一套坐具，每一套都是图案庵相仿，颜色一致，在大红缎底上绣金钱蟒小团花图案。蟒纹实际上就是龙纹底变异。王夫人心有成算，极有威势，此纹样与之性情并不背离。

2.3 几何纹样

最为奇异的几何纹是万字纹，它的造型为"卍"，在《红》中，借茗烟之口有段神秘离奇的关于一个丫鬟的描写：他母亲养他的时节做了个梦，梦见得了一匹锦，上面是五色富贵不断头卍字花样，所以她的名字叫"卍儿"，万字纹应用很广泛，一般与其他纹样搭配使用。如四十四回中"流云卍福花样"，就是云纹、福字纹和万字纹的和谐配置。万字纹原为古代的一种护符或宗教标志，通常被认为是释迦牟尼胸部所呈现的瑞相，武则天规定此纹读"万"，用作"万德吉祥"的标志。此外，著中还提到斗纹锦，与琐纹大同小异的几何纹，只是图案呈交叉状，在第三回中有诗句"座上珠玑昭日月，堂前黼黻焕烟霞"，形容座中人和堂上客的服饰华贵。而黼黻也是古代重要的服饰纹样，黻是半黑半白的斧形图案，代表割断之意。而黼是"弜"形图案，左青而右黑，取其向背而代表背恶向善之意。

2.4 纹样的构图形式

清代丝绸纹样的构图形式有折枝、穿枝、缠枝、散花、团花等，《红》中提及2种：团花。第三回宝玉出场服装中，"外罩石青起花八团倭假排穗褂"，这里的八团就是团花式构图。在缎面上加绣8个彩团，单个花在平面织物上按"米"字或"井"字骨骼作规则散点排列。同一幅面料的团花必须相同，并按顺序排列。散花，散花构式与团花不同。散花的单位纹样不拘泥造型图案。散花构式的花纹自由散点排列。散花的结构松散流于琐碎。

《红》中屡次提到"撒花"这个纹样名称，实际上就是采用了撒花构图手法。王夫人屋中的"银红撒花椅搭"；芳官在六十三回中穿"水红撒花夹裤"；在五十八回穿"丝绸撒花夹裤"；凤姐在第三回"下着翡翠撒花洋绉裙"，在第六回中穿"水红撒花袄"；至于宝玉与撒花纹样似乎更有缘分，如有时穿"松花绿撒花绫裤"，有时又穿"绿绸撒花裤"，并且在卧房悬挂"大戏绢金撒花的帐子。"宝玉和芳官都具有叛逆性情，凤姐也极具个性，三位的着装由不拘一格的散花构成，或许正是作者的匠心安排。

3　富贵寿喜的人文内涵

"图必有意，意必吉祥"是清代装饰纹样的主导思想。以谐音和寓意的方式结合，让形式和内容巧妙融合。丰富的文化内涵蕴含于精美的装饰纹样之中，收获悦耳悦目、赏心怡情的效果[4]。寓意纹样的主题可用贵富、寿喜予以概括：贵富，即权利功名，财富地位；寿喜，即平安长寿，即婚姻、子孙。《红》中大量装饰纹样的描写，体现了鲜明的时代特征，具有丰富的人文内涵。

3.1　彰显贵富

龙纹和凤纹是综合多种动物形象而形成的吉祥纹样，自古为华夏民族崇拜图腾。人们将许多美好的特征和意蕴都赋予了龙和凤。优美的民间传说，浩繁的诗文称颂，众多的出土文物，使独特的中华龙凤文化绵延醇厚。传说龙为麟虫之长，故为中国古代四灵之首。龙纹顺理成章为皇帝袍服上的标志性纹样。龙纹在《红》中是以龙纹、螭纹、夔龙纹、蟒纹、蟠龙等多种纹样形式出现。龙纹在《红》中最早出现在第三回，借黛玉之眼描写荣府堂屋悬挂着"赤金九龙青地大匾，匾上写着斗大的'荣禧堂'三个大字"。匾为木刻题字横匾，边框由浮雕的九条云龙组成，在石青色的地上凸起的是泥金的皇帝书赐的"荣禧堂"三个字，青色和金黄色的搭配，对比强烈，金碧辉煌的图案风格倍显家族的荣耀。穿云破雾的龙纹更是衬托了贾府的赫赫威仪。无独有偶，第五十三回借宝琴之眼，又描写了贾府宗祠的抱厦前其上悬一块御笔书写的"星辉辅弼"的九龙金匾。两处匾额的九龙饰纹，向世人暗示了贾府与皇室非同寻常的关系，乃浩荡皇恩自不必待言。

螭纹作为龙纹的形式之一在《红》中多处出现。荣府堂屋陈设："大紫檀雕螭案上，设着三尺来高青绿古铜鼎"。紫檀是明清时期制作家具、乐器的贵重的材料。"大紫檀雕螭案"是紫檀木做的狭长桌子，雕有螭形牙子，作为透雕的螭纹边饰。"螭"是传说中无角的小龙，《说文·虫部》："螭，若龙而黄，北方谓之地蝼，或云无角曰螭。"螭纹通常由缠绕盘曲的小龙反复循环形成装饰效果，也称"蟠螭纹"。广泛用于贵族享用的铜镜装饰上，也为古代建筑和工艺品装饰所常用。第十七回贾政率众人游览大观园，来到正殿"玉栏绕砌，金辉兽面，彩焕螭头"，正走着，"正面现出一座玉石牌坊来，上面龙蟠螭护"。螭纹屡屡出现于为元春省亲而建造的大观园建筑饰纹中，可见螭纹的尊贵，以此说明元春高高在上的身份和地位。此外，螭纹还出现在贾府两个重要人物凤姐和宝玉的身上。凤姐项戴"赤金盘螭璎珞圈"，宝玉项戴"金螭璎珞"。遍览全文，只此二人佩戴螭纹项圈，一个是贾府上下娇宠的怡红公子，一个是贾府炙手可热的当权者。项圈通常佩戴在妇女儿童项间，以示驱邪避灾、护佑生命，再饰以螭纹则凸显其护卫功能和显示佩戴者的特殊身份。贾母在府中的至尊地位是众所周知的，象征尊贵的龙纹更是不离左右。在"宁国府除夕祭宗祠"一回中，为迎接贾母的到来，"尤氏上房早已袭地铺满红毡，当地放着象鼻三足鳅沿鎏金珐琅大火盆，正面炕上铺新猩红毡，设着大红彩绣云龙捧寿的靠背引枕""贾母于东边设一透雕夔龙护屏矮足短榻"。短榻上的夔龙纹，发端于战国时期的青铜器，以侧面爬行的独角小龙形象出现，专饰贵族青铜器具，后来演变成几何纹，被称为"窃曲纹"，多用于家具的边饰和衣服的襟饰，与螭纹同属贵族专用饰纹。此处提请注意，夔龙护屏短榻可是尤氏专为贾母休息坐卧而备的。耐人寻味的是靠背引枕上的"云龙捧寿"纹样。"云龙捧寿"在清代曾盛行一时，被宫廷广泛采用，兴盛于汉代的云纹本身含有祥瑞和仙气之意，是道家尊崇的主题饰纹，与各种动物纹样穿插使用，出现在漆器、丝绸、画像石等各种材质上。而龙纹又是中国至高无上的象征权威的传统纹样。两相结合为"云龙纹"，成为具有中国特色的经典纹样，为封建社会皇权贵族所垄断。

蟒纹在《红》中出现的频率最高。中国民间历来习惯将五爪龙形称为"龙"，将四爪龙形称为"蟒"。黄袍绣龙，品位高的官服绣蟒。蟒纹在明清时期风靡一时，且造型各异，或站立，或坐卧，变化多端，活灵活现。如宝玉曾经"身着秋香色立蟒白狐箭袖"，"立蟒"便是站立姿势的蟒纹。蟒纹多出现在绸面料——妆缎上。带有蟒纹的妆缎被称作"蟒缎"，在丝织物中的地位不同凡响，一度成为清帝王贵族的专用丝织品。

凤纹在《红》中亮相的次数不及龙纹，但也是伴随着重要角色出场的，其意蕴内涵亦不乏分量。追根溯源，自秦朝始凤纹才被赋予浓郁的审美特性流行于女性妆饰。如金钗步摇头饰，任何阶层的妇女都可佩戴，只是材质有贵贱之分而已。发展到明清凤纹才明确成为皇后皇妃的专用纹饰。

3.2　宣示寿喜

上述龙凤纹样属于显贵的神异纹样，而接下来的花草鱼鸟虫纹样只是再寻常不过的写实纹样，然而作者在寻常纹样中仍然赋予了其丰富深刻的内涵。如，元妃省亲赐予贾母的物品有"富贵长春"和"福寿绵长"宫绸，"吉庆有鱼"银锞等。"富贵长春""福寿绵长""吉庆有鱼"都是清代流行的吉祥纹样。寓意为：富贵—牡丹，福寿—蝙蝠（谐音"福"）和"寿"，吉庆有鱼—戟（谐音"吉"）磬（谐音"庆"）和鱼（谐音"余"）。从赐品的纹样上我们不难体会到元妃的良苦用心，饱含着她对祖母富贵长寿的美好祝愿，对家族兴盛旺达、荣华永继的祈祷。

　　子孙繁衍是贯穿社会发展的永恒主题，具有生殖崇拜的中国传统纹样不胜枚举。古人善于观察感受自然，以大自然为宗师，心生联想，创造意境。《诗经·周南·桃夭》："桃之夭夭，有蕡其实。之子于归，宜其家室。"取桃花绿叶、葳蕤，果实丰硕的意象来比喻女子婚后生儿育女。在第五十八回，宝玉引用诗句"绿叶成荫子满枝"来设想邢岫烟的未来。含生殖崇拜意象的动植物纹样丰富多彩，如植物中的葫芦和石榴，动物中的青蛙、鱼、蝈蝈、蚂蚱等。观其造型或结构要么饱满多籽（仔），要么叶蔓迁延，被寄赋了多子多孙、后代绵延的文化内涵，深受人们的青睐并代代相传。清王世襄的《髹饰录解说》介绍了清乾隆时所制"瓜蝶纹葵花式大捧盒"，是清朝权贵人家常用的食盒，其盒上用朱、黑两色稠漆堆起瓜蝶纹的图案，瓜蝶纹就是典型的具有生殖崇拜内涵的纹样。《诗经·雅·文王之什》中"绵绵瓜瓞"比喻子孙众多，"瓜"是大葫芦，"瓞"是小葫芦，故旧时称颂亲友子孙昌盛、绵延不绝往往用"瓜瓞绵绵"句，取其秧蔓绵延、枝叶繁茂、果实累累、籽粒丰盈的形象为吉祥意象。葫芦纹在仰韶文化的出土彩陶中屡见不鲜，是原始社会生殖崇拜的纹样之一，且经久不衰，沿用至今。时代变迁，受宋代写生花鸟的影响，清丽秀雅的花卉纹样常常与鱼虫鸟蝶相配合，这样，蝴蝶跻身到葫芦纹样中。《红》中多次出现大捧盒，虽然没有描绘具体的装饰纹样，但基本大同小异。蚂蚱、蝗虫类昆虫产卵丰富，繁衍迅速，历来也被寄予多子多孙的生殖内涵。《诗经·周南·螽斯》有诗句"螽斯羽诜诜兮，宜尔子孙振振兮；螽斯羽薨薨兮，宜尔子孙绳绳兮；螽斯羽揖揖兮，宜尔子孙蛰蛰兮"，诗中"振振""绳绳""蛰蛰"都是众多的意思，借以表达家族繁盛的祝福。自宋代来，蚂蚱等昆虫形象频频介入书画、玉雕和刺绣等工艺装饰中。《红》中刘姥姥二进大观园，在秋爽斋"探春卧房东边便设着卧榻，拔步床上悬着葱绿双绣花卉草虫的纱帐"。从色彩到形象，无不透露出盎然生机。第二十八回贵妃赏赐给家人端午节礼品两样：凤尾罗和芙蓉簟。芙蓉簟是编有芙蓉图案的草席。"簟"是用生于海洲渚岸的菱草纺织而成的席子，柔软舒适。"芙蓉"别称莲花，莲花纹样自魏晋时期来伴随佛教的兴起而流行，佛教的建筑及工艺器物上随处可见。"莲花"象征"圣洁"，在中国被尊崇为君子，亦因周敦颐《爱莲说》而影响深远。莲还有一蒂二花者，称并蒂莲，象征男女好合，夫妻恩爱。

《红》曲笔透筵，意蕴深邃。若从丝绸及丝绸服饰文化的角度去精读《红》，就能体会到作者具有独特的艺术视角和审美眼光，且对中国古代丝绸服饰文化怀有深刻理解。作者具备丝织业和服饰业方面的深厚专业素养，对于故事人物穿戴服饰的入微描写和典型人物的精心塑造，都是竭力表现出为《红》立题服务，向世人充分展示中国古代丝绸服饰文化所固有的东方神韵。

参考文献

[1] 平墨.《红楼梦》里的丝绸织锦之美［EB/OL］. 360 个人图书馆，(2016 - 4 - 5），http：//www. 360doc. com/content/16/0405/16/30696644_548057911. shtml.

[2] 曹雪芹.《红楼梦》［M］. 北京：人民文学出版社，1982.

[3] 解晓红. 探析《红楼梦》中的丝绸文化［J］. 丝绸，2003（3）：46 - 47.

[4] 解晓红. 纹饰之美，意蕴之深——试析《红楼梦》中装饰纹样的人文内涵［J］. 红楼梦学刊，2007（4）：100 - 113.

后　记

　　《蚕桑文化探析》是笔者近些年来为《蚕丝科技》期刊（内部刊物）撰写的《蚕桑文化》专栏文章，现结集整理成册。全书分三章，分别为"蚕桑史话篇""蚕桑科技篇""蚕桑文化篇"，共 25 篇文章。《蚕桑文化探析》有别于学术研究著述，也不同于专业教科书，主要是利用文献资料，抽绎排类，拟定好题目，将收集的史籍文献、前人的研究成果、个人学习的心得体会融会贯通，在此基础上撰写成文。限于笔者的学识水平，书中不妥之处，谨就教于读者诸君。

　　湖南省蚕桑科学研究所所长李一平研究员等领导热心支持，促成本书出版，艾均文研究员对本书的编写给予指导。《蚕丝科技》几任主编靳永年研究员、唐汇清研究员、谈顺友研究员始终关注《蚕桑文化》专栏文章的刊载，科研管理科廖模祥研究员等同志对本书的编写给予了诸多协助，在此一并致谢。

雷国新

2021 年 5 月